T0296849

Springer Studium Mathematik – Bachelor

Herausgegeben von

M. Aigner, Freie Universität Berlin, Berlin, Germany

H. Faßbender, Technische Universität Braunschweig, Braunschweig, Germany

B. Gentz, Universität Bielefeld, Bielefeld, Germany

D. Grieser, Universität Oldenburg, Oldenburg, Germany

P. Gritzmann, Technische Universität München, Garching, Germany

J. Kramer, Humboldt-Universität zu Berlin, Berlin, Germany

V. Mehrmann, Technische Universität Berlin, Berlin, Germany

G. Wüstholz, ETH Zürich, Zürich, Switzerland

Die Reihe „Springer Studium Mathematik" richtet sich an Studierende aller mathematischen Studiengänge und an Studierende, die sich mit Mathematik in Verbindung mit einem anderen Studienfach intensiv beschäftigen, wie auch an Personen, die in der Anwendung oder der Vermittlung von Mathematik tätig sind. Sie bietet Studierenden während des gesamten Studiums einen schnellen Zugang zu den wichtigsten mathematischen Teilgebieten entsprechend den gängigen Modulen. Die Reihe vermittelt neben einer soliden Grundausbildung in Mathematik auch fachübergreifende Kompetenzen. Insbesondere im Bachelorstudium möchte die Reihe die Studierenden für die Prinzipien und Arbeitsweisen der Mathematik begeistern. Die Lehr- und Übungsbücher unterstützen bei der Klausurvorbereitung und enthalten neben vielen Beispielen und Übungsaufgaben auch Grundlagen und Hilfen, die beim Übergang von der Schule zur Hochschule am Anfang des Studiums benötigt werden. Weiter begleitet die Reihe die Studierenden im fortgeschrittenen Bachelorstudium und zu Beginn des Masterstudiums bei der Vertiefung und Spezialisierung in einzelnen mathematischen Gebieten mit den passenden Lehrbüchern. Für den Master in Mathematik stellt die Reihe zur fachlichen Expertise Bände zu weiterführenden Themen mit forschungsnahen Einblicken in die moderne Mathematik zur Verfügung. Die Bücher können dem Angebot der Hochschulen entsprechend auch in englischer Sprache abgefasst sein.

Weitere Bände dieser Reihe finden sie unter
http://www.springer.com/series/13446

Thorsten Theobald · Sadik Iliman

Einführung in die computerorientierte Mathematik mit Sage

Springer Spektrum

Thorsten Theobald
Goethe-Universität Frankfurt
Frankfurt am Main, Deutschland

Sadik Iliman
Frankfurt, Deutschland

ISBN 978-3-658-10452-8
DOI 10.1007/978-3-658-10453-5

ISBN 978-3-658-10453-5 (eBook)

Die Deutsche Nationalbibliothek verzeichnet diese Publikation in der Deutschen Nationalbibliografie; detaillierte bibliografische Daten sind im Internet über http://dnb.d-nb.de abrufbar.

Springer Spektrum
© Springer Fachmedien Wiesbaden 2016
Das Werk einschließlich aller seiner Teile ist urheberrechtlich geschützt. Jede Verwertung, die nicht ausdrücklich vom Urheberrechtsgesetz zugelassen ist, bedarf der vorherigen Zustimmung des Verlags. Das gilt insbesondere für Vervielfältigungen, Bearbeitungen, Übersetzungen, Mikroverfilmungen und die Einspeicherung und Verarbeitung in elektronischen Systemen.

Die Wiedergabe von Gebrauchsnamen, Handelsnamen, Warenbezeichnungen usw. in diesem Werk berechtigt auch ohne besondere Kennzeichnung nicht zu der Annahme, dass solche Namen im Sinne der Warenzeichen- und Markenschutz-Gesetzgebung als frei zu betrachten wären und daher von jedermann benutzt werden dürften.

Der Verlag, die Autoren und die Herausgeber gehen davon aus, dass die Angaben und Informationen in diesem Werk zum Zeitpunkt der Veröffentlichung vollständig und korrekt sind. Weder der Verlag noch die Autoren oder die Herausgeber übernehmen, ausdrücklich oder implizit, Gewähr für den Inhalt des Werkes, etwaige Fehler oder Äußerungen.

Planung: Ulrike Schmickler-Hirzebruch

Gedruckt auf säurefreiem und chlorfrei gebleichtem Papier.

Springer Fachmedien Wiesbaden GmbH ist Teil der Fachverlagsgruppe Springer Science+Business Media (www.springer.com)

Vorwort

In vielen Bereichen der Mathematik spielen computerorientierte Aspekte eine immer größere Rolle, und für die meisten Mathematikerinnen und Mathematiker ist der Computer mittlerweile zu einem unentbehrlichen Hilfsmittel geworden. Das vor allem an Studienanfänger der Mathematik gerichtete Lehrbuch möchte eine frühzeitige und forschungsorientierte Auseinandersetzung mit computerorientierten Methoden, Denkweisen und Arbeitstechniken im Rahmen des Studiums initiieren.

Das Buch bietet eine Einführung in grundlegende mathematische Teilgebiete, die – in verschiedener Weise – eine enge Beziehung zu computerorientierten Aspekten haben: Graphen, mathematische Algorithmen, Rekursionsgleichungen, computerorientierte lineare Algebra, Zahlen, Polynome und ihre Nullstellen. Anhand des mathematischen Kernstrangs werden Einblicke in die Modellierung, Analyse, algorithmische Aufbereitung und Simulation fundamentaler mathematischer Sachverhalte bereitgestellt. Hierzu ist das Buch mit einer Einführung in das frei verfügbare und sich immer stärker in Forschung und Lehre verbreitende Software-System

Sage Mathematical Software System

(kurz SageMath, Sage)[1] verflochten. Die computerorientierten Aspekte der späteren Kapitel können auf diese Weise anhand von Sage illustriert und geübt werden. Exemplarisch werden einige Fenster zu forschungsorientierten Aspekten geöffnet.

Durch die Verwendung eines umfassenden Mathematik-Systems wie Sage sollen Studierende frühzeitig dazu ermutigt und befähigt werden, die Möglichkeiten eines solchen Systems auch im Rahmen weiterführender Veranstaltungen des Studiums zu nutzen, etwa bei der Visualisierung, bei der Überprüfung theoretisch erzielter Ergebnisse oder bei aufwendigen Berechnungen.

Die Darstellung beruht auf Vorlesungen an der Goethe-Universität Frankfurt am Main. Hier ist die „Einführung in die computerorientierte Mathematik" im ersten Semester des Bachelor-Studiengangs verankert.

---

[1] http://www.sagemath.org. Über die freie Verfügbarkeit hinaus ist Sage deshalb besonders attraktiv, weil es auch über eine Internet-Schnittstelle genutzt werden kann und zudem zahlreiche spezialisiertere Mathematik-Pakete über Schnittstellen in die Sage-Plattform eingebunden sind.

Dank gilt Johann Baumeister, dessen Materialien seiner Vorgängervorlesung die Vorlesungskonzeption wesentlich beeinflusste. Für Anregungen und Hinweise bedanken wir uns besonders bei Mareike Dressler, Thomas Gerstner, Thorsten Jörgens, Michael Joswig, Martina Juhnke-Kubitzke, Kai Kellner, Cordian Riener und Timo de Wolff. Frau Schmickler-Hirzebruch danken wir für die kontinuierliche Unterstützung des Buchprojekts.

Frankfurt am Main, im Juni 2015   Sadik Iliman und Thorsten Theobald

Inhaltsverzeichnis

Einleitung und Überblick

1.1 Einige Beispiele

Bezogen auf die gesamte kulturgeschichtliche Entwicklung der Mathematik ist der Computer immer noch ein recht „junges" Werkzeug für mathematische Untersuchungen. Unter den zahlreichen Facetten des Computereinsatzes nennen wir hier einige Beispiele.

Computer als wertvolles Experimentierwerkzeug Computer sind extrem nützlich sowohl zur Gewinnung von Einsichten als auch beim Ausführen umfangreicher Rechnungen. So ist die Berechnung von Summen und Integralen, die Mathematiker der vorherigen Generation noch in mühevoller Handarbeit ausführen mussten, mittlerweile in modernen Computeralgebra-Systemen weitgehend automatisiert. Als Beispiel für ein experimentelles Vorgehen betrachten Sie die Frage, durch welches Bildungsgesetz die Folge

$$1, \ 3, \ 13, \ 63, \ 321, \ 1683, \ 8989, \ 48.639, \ 265.729$$

erzeugt wird?

Computereinsatz beim Beweisen mathematischer Aussagen Der Computer ist immer öfter Bestandteil von Bereichen, die ehemals ausschließlich dem schöpferisch tätigen Mathematiker vorbehalten waren: So wurden in der jüngeren mathematischen Geschichte einige zentrale und tiefgehende Ergebnisse bewiesen, bei denen der Beweis maßgeblich auf einem Computerbeweis beruht, zum Beispiel der *Vier-Farben-Satz*, der Beweis der *Kepler-Vermutung* oder die *Klassifikation der endlichen einfachen Gruppen*. Auf den Vier-Farben-Satz kommen wir in Kap. 4 zurück.

Computereinsatz beim Darstellen mathematischer Sachverhalte Der Computer bietet ein hervorragendes Hilfsmittel zur Visualisierung mathematischer Strukturen und Sachverhalte. Während das Darstellen einer gegebenen Funktion $f : \mathbb{R} \to \mathbb{R}$ für den Computer

© Springer Fachmedien Wiesbaden 2016
T. Theobald, S. Iliman, *Einführung in die computerorientierte Mathematik mit Sage*,
Springer Studium Mathematik – Bachelor, DOI 10.1007/978-3-658-10453-5_1

Abb. 1.1 Visualisierung eines
gedrehten Torus

oft eine leichte Übung ist, sind insbesondere die Visualisierung höherdimensionalerer Strukturen (siehe etwa Abb. 1.1 für die Visualisierung eines „gedrehten Torus") bereits häufig selbst mit zahlreichen mathematischen Herausforderungen verbunden.

1.2 Mathematische Software

Im Zuge der zuvor genannten Entwicklungen existieren mittlerweile sehr leistungsfähige und umfangreiche mathematische Software-Pakete.[1]

Hinsichtlich der für unsere Behandlung relevanten Aspekte bestand ein wichtiger Meilenstein in der Entwicklung umfassender Softwarepakete mit ausgereiften Fähigkeiten im „symbolischen Rechnen", d. h., mit der Möglichkeit, viele mathematische Probleme *exakt* zu verarbeiten. Hier sind besonders zu nennen:

- `Maple` (Entwicklung seit 1980),
- `Mathematica` (Entwicklung seit 1988),
- `Sage` (Entwicklung seit 2005).

Während `Maple` und `Mathematica` kommerzielle Systeme sind, handelt es sich bei `Sage` um frei verfügbare public domain-Software. Wie wir in späteren Abschnitten sehen werden, liefern diese Systeme beispielsweise für das uneigentliche Integral

$$\int_{-\infty}^{\infty} e^{-x^2} dx$$

die *exakte* Antwort $\sqrt{\pi}$.

Darüber hinaus gibt es zahlreiche weitere – oft spezieller fokussierte – mathematische Software-Pakete. Eine besonders attraktive Eigenschaft des in diesem Buch verwendeten Pakets `Sage` ist, dass einige spezialisiertere Systeme, beispielsweise

---

[1] An einigen Schulen kommt sogar bereits mathematische Software zum Einsatz, insbesondere im Bereich der dynamischen Geometrie.

- `Gap` (Gruppentheorie),
- `Pari` (Zahlentheorie),
- `Singular` (Computeralgebra)

in `Sage`-Distributionen integriert sind und von der `Sage`-Plattform aus daher bequem mitgenutzt werden können.

1.3   Zur Methodik und Verwendung des Buches

Ein vorrangiges Anliegen des Buches ist es, ausgehend von mathematischen Inhalten in einige Facetten computerorientierter Mathematik einzuführen. Um dieses Ziel zu erreichen, beginnt die Darstellung mit einer ausgiebigen Behandlung eher klassischer Elemente (allgemeine mathematische Grundkonzepte zu Studienbeginn in Kap. 2 sowie Graphen in Kap. 4), bevor verzahnend in den Kap. 3 und 5 anhand der zuvor bereitgestellten mathematischen Konzepte in das Software-System `Sage` eingeführt wird. In den nachfolgenden Kapiteln werden die behandelten mathematischen Inhalte dann stets anhand von Untersuchungen mittels `Sage` komplementiert und dadurch die Leserin und der Leser an die Verwendung von `Sage` „gewöhnt". Insbesondere ermutigen wir Sie dazu, die Code-Auszüge in `Sage` zu nutzen, um mit Hilfe des Computers die behandelten mathematischen Gebiete zu untersuchen.

Neben den eigentlich behandelten mathematischen und computerorientierten Aspekten soll die Darstellung auch Herangehensweisen an mathematische Probleme, Methoden und Denkweisen vermitteln, die zentral für viele Bereiche des Studiums sind. In diesem Sinne behandelt das Buch verschiedene Teilbereiche und ist komplementär zu den klassischen Einführungsvorlesungen Lineare Algebra und Analysis zu sehen, in denen die „Sprache der Mathematik" systematisch von Grund auf, ausgehend von nur wenigen Axiomen entwickelt wird. Im Sinne forschungsorientierter Lehre soll an ausgewählten Beispielen ein erster Zugang zu Forschungsaspekten der Mathematik geschaffen werden.

Das Buch reflektiert die Entwicklungen, dass Veranstaltungen zur computerorientierten Mathematik (in unterschiedlichen Ausprägungen) an vielen Universitäten Einzug in die initiale Phase des Bachelor-Studiums gefunden haben. Durch das Buch wird ein konkreter Einstieg in zentrale mathematische Elemente geboten, mit dem insbesondere die traditionellen Lineare Algebra- und Analysis-Einführungsveranstaltungen fruchtbar komplementiert werden können.

`Sage` sehen wir hier als eine umfassende und insbesondere auch frei verfügbare Plattform für den mathematisch ausgerichteten Computereinsatz. Aufgrund des von mathematischen Inhalten dominierten Zugangs sind viele Teile der Darstellung allgemeingültig. Das Buch bietet daher auch auch Verwendungszwecke beim Einsatz anderer Software-Systeme, etwa des kommerziellen Systems `Maple`.

Mögliche Verwendungen des Buches Eine primäre Zielgruppe sind Studierende ab dem 1. Semester, die mit fortschreitender Lektüre des Buches parallel Kenntnisse aus der Analysis und der linearen Algebra erwerben. Für einige Buchteile zentrale Aussagen der Analysis und der linearen Algebra finden sich auch im Anhang. In Kap. 1–5 werden nur sehr marginale Anleihen daran erforderlich, ab Kap. 6 werden Elemente wie Konvergenz, Differenzierbarkeit oder Potenzreihen in stärkerem Maße verwendet, und insbesondere in Kap. 9 zur computerorientierten linearen Algebra werden moderate Grundkenntnisse der linearen Algebra vorausgesetzt.

Eine typische Verwendung einer sich an Studierende des ersten Semesters richtenden Veranstaltung ist die Behandlung der Kap. 1–9 sowie von Teilen des Kap. 10 unter Ausklammerung des etwas fortgeschreneren Themas der diskreten Fourier-Transformation in Abschn. 8.3. An der Goethe-Universität Frankfurt ist in die Vorlesung „Einführung in die computerorientierte Mathematik" ferner noch ein kleiner Kurs zum mathematischen Textverarbeitungssystem LaTeX integriert.

Kapitel 10 und insbesondere Kap. 11 enthalten weiterführende Aspekte und Themen, die auch als Anregung und Ausblick dienen sollen und den Studierenden zusätzlichen Lesestoff mit `Sage`-Code an die Hand geben, um sich weiter an `Sage` zu gewöhnen. In Kap. 10 werden Polynome und ihre Nullstellen behandelt, und Kap. 11 diskutiert als Fallstudien einige vielschichtige Probleme auf den natürlichen Zahlen: das Collatz-Problem oder $3n + 1$-Problem, die Zerlegung von Zahlen in Summen zweier Quadrate sowie die Partitionsfunktion.

Bei vorhandenen mathematischen Vorkenntnissen – korrespondierend zum Einsatz des Buches jenseits des ersten Studiensemesters – sollten die Einführungskapitel 3 und 5 in `Sage` durchgearbeitet werden, um von der `Sage`-Seite vorbereitet zu sein, in die weiteren Themenkapitel einzusteigen. Aufbauend auf den Kap. 6 und 7 behandeln die Kap. 8 bis 10 sowie die einzelnen Fallstudien in Kap. 11 inhaltlich recht unabhängige Themen und können auch gemäß einer individuellen Auswahl rezipiert werden.

Diejenigen Abschnitte des Buches, deren Inhalte weiterführendes bzw. als Ausblick dienendes Material behandeln, sind mit einem Sternchen (*) gekennzeichnet.

Bilder Die Bilder wurden überwiegend mit `Sage` selbst generiert, einige mit `MetaPost`. Das Bildschirmfoto mit dem `Sage`-Logo bzw. dem von Harald Schilly darauf aufbauend entworfenen Cell Server Logo in Abschn. 3.2 ist freundlicherweise durch eine Creative Commons BY Lizenzierung genehmigt.

Grundlegende Begriffe und Techniken

2

Wir stellen wichtige Notationen sowie Beweistechniken zusammen. Um den Leser auf das in den Kap. 3 und 5 vorgestellte Software-System Sage einzustimmen, geben wir vereinzelt bereits an, wie die behandelten Konzepte in diesem System reflektiert werden.

2.1 Grundbegriffe der mathematischen Logik

Sowohl mathematische Schlussweisen als auch Computer-Programme beruhen auf den Grundprinzipien der mathematischen Logik. Die Formalisierung dieser logischen Elemente geht maßgeblich auf die Abhandlung „The mathematical analysis of logic" von George Boole (1815–1864) aus dem Jahr 1847 zurück. Wir stellen einige Begriffe, Symbole und Sprechweisen bereit, die zur Formulierung mathematischer Sachverhalte dienen und sowohl in mathematischen als auch in computerorientierten Kontexten häufig verwendet werden.

Aussagenlogik Gegenstand der *Aussagenlogik* ist die Untersuchung einfacher logischer Verknüpfungen zwischen elementaren Aussagen. Hierbei versteht man unter einer *Aussage* ein sprachliches oder auf mathematischen Zeichen aufgebautes Gebilde, dem man entweder den Wahrheitswert *wahr* oder den Wahrheitswert *falsch* zuordnen kann. Wir verwenden für diese beiden Wahrheitswerte die Abkürzungen w und f.

Beispiel 2.1

1. In der Mathematik kommen Aussagen häufig in der Form von Gleichungen vor. So ist die Gleichung (in den reellen Zahlen $\mathbb{R}$) $3^2 = 9$ eine wahre Aussage. Beachten Sie, dass etwa

$$3^2$$

   keine Aussage ist, sondern ein *Ausdruck* oder *Term*.
2. „17 ist eine Primzahl" ist eine wahre Aussage.

© Springer Fachmedien Wiesbaden 2016

T. Theobald, S. Iliman, *Einführung in die computerorientierte Mathematik mit Sage*,
Springer Studium Mathematik – Bachelor, DOI 10.1007/978-3-658-10453-5_2

3. „$\sqrt{2}$ ist eine rationale Zahl" ist eine falsche Aussage. Wir kommen bei der Behandlung von Beweistechniken in Beispiel 2.6 hierauf zurück.
4. Die *Goldbachsche Vermutung* „Jede gerade natürliche Zahl größer als 2 kann als Summe zweier Primzahlen geschrieben werden" ist entweder eine wahre oder eine falsche Aussage. Bis heute ist jedoch unbekannt, welchen der beiden Wahrheitswerte die Aussage hat.
5. Bei dem *Russellschen Paradoxon* „Dieser Satz ist falsch." handelt es sich nicht um eine Aussage, da der Satz weder den Wahrheitswert *wahr* noch den Wahrheitswert *falsch* haben kann.[1]
6. Die *Legendresche Vermutung* „Für jede natürliche Zahl n gibt es mindestens eine Primzahl zwischen n^2 und $(n+1)^2$" ist auch eine Aussage, deren Wahrheitswert bis heute unbekannt ist.

Durch Verknüpfung von Aussagen entstehen neue Aussagen, deren Wahrheitswerte sich aus den Wahrheitswerten der verknüpften Aussagen ergeben. Wir stellen einige gebräuchliche Verknüpfungen zusammen. Für zwei Aussagen A und B bezeichnet

$\neg A$	die *Negation von B* ,	
$A \wedge B$	die *Konjunktion* von A und B	(„A und B"),
$A \vee B$	die *Disjunktion* von A und B	(„A oder B"),
$A \implies B$	die *Implikation*	(„wenn A gilt, so gilt B"),
$A \iff B$	die *Äquivalenz* von A und B	(„A gilt genau dann, wenn B gilt").

Für die Negation $\neg A$ existiert auch die Schreibweise $\overline{A}$. Die Verknüpfungen werden durch folgende Wahrheitstabelle beschrieben:

A	B	$A \wedge B$	$A \vee B$	$A \implies B$	$A \iff B$	$\neg A$
f	f	f	f	w	w	w
w	f	f	w	f	f	f
f	w	f	w	w	f	w
w	w	w	w	w	w	f

Beispiel 2.2 Bezeichnet A die Aussage „17 ist Primzahl" und B die Aussage „$\sqrt{2}$ ist rational", dann ist $A \vee B$ eine wahre Aussage und $A \implies B$ eine falsche Aussage.

Quantoren Tritt in einer Formulierung eine Variable auf (z. B. $x \geq 3$), dann kann sie durch einen *Quantor* „gebunden" werden. Der *Allquantor* $\forall$ und der Existenzquantor $\exists$ haben die folgende Bedeutung:

$\forall$ „Für alle … gilt …"
$\exists$ „Es existiert (mindestens) ein … mit …".

---

[1] Mit Paradoxa dieser Art hat Bertrand Russell (1872–1970) zu Beginn des 20. Jahrhunderts die zuvor angenommene These, dass allen Sätzen ein Wahrheitswert zugeordnet werden kann, tief erschüttert.

Beispiel 2.3 Die Aussage „$\forall x \in \mathbb{R} \ x \geq 3$" ist eine falsche Aussage, die Aussage „$\exists x \in \mathbb{R} \ x \geq 3$" hingegen hat den Wahrheitswert w. Ferner ist die Aussage „$\forall x \in \mathbb{R} \ (x \geq 3 \implies x^2 \geq 9)$" eine wahre Aussage, da *für jede konkrete Wahl* einer reellen Zahl x die Implikation „$x \geq 3 \implies x^2 \geq 9$" eine wahre Aussage ist.

Beispiel 2.4 In dem ab Kap. 3 ausgiebig verwendeten Software-System `Sage` liefert beispielsweise die Eingabe

```
5 > 3
```

die Ausgabe `True`.

2.2 Beweistechniken

Unter einem *Beweis* versteht man eine Folge mathematisch korrekter Schlussfolgerungen, aus denen auf die Gültigkeit einer zu beweisenden Aussage geschlossen werden kann. Beachten Sie hierbei, dass ein mathematischer Satz oft aus Voraussetzungen und Behauptungen besteht. Die Argumentation in einem Beweis muss die Gültigkeit der Behauptungen in *all* den Situationen nachweisen, in denen die Voraussetzung gilt.

In den vergangenen Abschnitten haben wir bereits einige nützliche Schreibweisen kennengelernt. Um anzudeuten, dass vom computerorientierten Standpunkt der Beweis einer Aussage der Berechnung des Wahrheitsgehaltes einer Aussage entspricht, stellen wir noch einmal die Schreibweisen für einige Verknüpfungen von Aussagen zusammen, ergänzt um die Umsetzung in `Sage`.

Operation	Schreibweise	Sage
Konjunktion	$A \wedge B$	and
Disjunktion	$A \vee B$	or
Negation	$\neg A$	not

In `Sage` kann die Äquivalenz zweier Ausdrücke A und B mittels `A == B` ausgedrückt werden und die Implikation $A \implies B$ durch `not(A) or B`.

Beispiel 2.5 In diesem und späteren `Sage`-Beispielen sind auf der rechten Seite die jeweiligen Ausgaben angegeben.

```
7 > 5                          True
True or False                  True
False == True                  False
```

Wir betrachten einige Beweistechniken. Bei einem *direkten* Beweis startet man von den gegebenen Voraussetzungen und überführt diese durch eine Folge von Schlussfolgerungen in die zu zeigende Aussage. Wir werden diesen Beweistyp beispielsweise bei Satz 2.11 weiter unten sehen.

Ein *indirekter* Beweis beruht auf der Tatsache, dass für zwei Aussagen A und B gilt:

$$A \implies B \text{ genau dann, wenn } \neg B \implies \neg A.$$

Hiermit eng verwandt ist der *Beweis durch Widerspruch*. Dieser beruht auf der Idee, dass eine Aussage B auf jeden Fall dann gilt, wenn aus der Aussage $\neg B$ ein Widerspruch hergeleitet werden kann.

Beispiel 2.6 Es soll folgende Behauptung gezeigt werden:

$$\sqrt{2} \text{ ist irrational (d.h. } \sqrt{2} \notin \mathbb{Q}).$$

Wir nehmen an, dass $\sqrt{2} \in \mathbb{Q}$ und führen diese Aussage zum Widerspruch.

Im Fall $\sqrt{2} \in \mathbb{Q}$ existieren teilerfremde Zahlen $p, q \in \mathbb{N}$ mit $\frac{p}{q} = \sqrt{2}$. Durch Quadrieren folgt $p^2 = 2q^2$, so dass p^2 gerade ist. Dann ist aber auch p gerade, d.h., p ist von der Form $p = 2t$ mit $t \in \mathbb{N}$. Es folgt $4t^2 = 2q^2$, also $2t^2 = q^2$, so dass aus dem gleichen Grunde wie zuvor auch q gerade ist. Damit liegt ein Widerspruch zur Teilerfremdheit von p und q vor.

Vollständige Induktion Das Beweisprinzip der *vollständigen Induktion* ist in der Mathematik unerlässlich. Wir werden es beispielsweise bei der Untersuchung von Algorithmen einsetzen.

Zu jeder natürlichen Zahl n sei eine Aussage $A(n)$ gegeben. Eine Strategie, um die Richtigkeit der Aussage *für alle* $n \in \mathbb{N}$ zu beweisen, ist die folgende: Alle Aussagen $A(n)$ sind richtig, wenn die nachstehenden beiden Eigenschaften bewiesen werden können.

1. $A(1)$ ist richtig *(Induktionsanfang)*.
2. Für jedes n, für welches $A(n)$ richtig ist, ist auch $A(n+1)$ richtig *(Induktionsschluss)*.

Das Induktionsprinzip reflektiert also einen „Dominoeffekt". Um alle Steine einer Kette von Dominosteinen umzuwerfen, muss dafür gesorgt werden, dass der erste Stein umfällt (Induktionsanfang) und jeder beliebige Stein den darauffolgenden umwirft (Induktionsschluss).

Beispiel 2.7 Ein klassisches Beispiel lautet: Für jede natürliche Zahl n gilt die Aussage

$$A(n) : 1 + 2 + 3 + \cdots + n = \frac{1}{2}n(n+1). \tag{2.1}$$

Induktionsanfang: Für $n = 1$ stimmt die Formel.

Induktionsschluss: Es ist zu zeigen, dass unter der Voraussetzung $A(n)$ *(Induktionsannahme)* auch die Aussage $A(n + 1)$ gilt. Dies folgt aus

$$
\begin{aligned}
1 + 2 + \cdots + n + (n + 1) &= (1 + 2 + \cdots + n) + (n + 1) \\
&\overset{\text{Ind.-Annahme}}{=} \frac{1}{2}n(n + 1) + (n + 1) \\
&= \frac{1}{2}(n + 1)(n + 2).
\end{aligned}
$$

Mit der Kurznotation für Summen $\sum_{k=1}^{n} k = 1 + 2 + \cdots + n$ lässt sich (2.1) als $\sum_{k=1}^{n} k = \frac{1}{2}n(n + 1)$ schreiben.

Bemerkung 2.8 Tatsächlich lässt sich diese spezielle Summenformel noch eleganter beweisen. Carl-Friedrich Gauß (1777–1855) löste als Kind die Aufgabe, alle Zahlen von 1 bis 100 zu addieren, indem er die 50 gleichen Summen $1 + 100, 2 + 99, 3 + 98, \ldots, 50 + 51$ bildete. Allgemein liefert diese Idee für gerade n die Schlussweise $1 + \cdots + n = \frac{1}{2}n(n+1)$ und für ungerade n analog $1 + \cdots + n = \frac{1}{2}(n - 1)(n + 1) + \frac{1}{2}(n + 1) = \frac{1}{2}n(n + 1)$.

Beispiel 2.9 Es soll die Formel $\sum_{k=1}^{n} k^3 = \frac{1}{4}n^2(n+1)^2$ für alle $n \in \mathbb{N}$ bewiesen werden.
Induktionsanfang: Für $n = 1$ gilt $\sum_{k=1}^{1} k^3 = 1 = \frac{1}{4}1^2(1 + 1)^2$.
Induktionsschluss ($n \to n + 1$): Unter der Induktionsannahme, dass die Aussage für den Index n richtig ist, gilt

$$
\begin{aligned}
\sum_{k=1}^{n+1} k^3 &= \sum_{k=1}^{n} k^3 + (n + 1)^3 \\
&\overset{\text{Ind.-Ann.}}{=} \frac{1}{4}n^2(n + 1)^2 + (n + 1)^3 \\
&= \frac{(n + 1)^2}{4}(n^2 + 4n + 4) = \frac{1}{4}(n + 1)^2(n + 2)^2.
\end{aligned}
$$

Die Aussage ist also auch für den Index $n + 1$ richtig, so dass der Induktionsschluss gezeigt ist.

Wir beobachten, dass die vollständige Induktion beim Nachweis einer Summenformel erfordert, die nachzuweisende Formel bereits vorab zu kennen. Es erhebt sich die weiterführende Frage:

Wie sehen für gegebenes k die Koeffizienten einer Summenformel für die k-ten Potenzen aus?

Wir nutzen diese Frage für einen ersten Vorgeschmack auf die Rechnernutzung. Die gängigen Summenformeln sind in Sage implementiert, auch für symbolischen (d. h., variablen) Endindex. In Sage liefert die mit einer Variablendefinition beginnende Kommandosequenz

```
var('k')
sum(k^2, k, 1, n)
```

die Ausgabe

```
1/3*n^3 + 1/2*n^2 + 1/6*n
```

und verrät damit $\sum_{k=1}^{n} k^2 = \frac{1}{3}n^3 + \frac{1}{2}n^2 + \frac{1}{6}n = \frac{1}{6}n(n+1)(2n+1)$. Für die Summe der fünften Potenzen ergibt sich mittels sum(k^5, k, 1, n) die Formel `1/6*n^6 + 1/2*n^5 + 5/12*n^4 - 1/12*n^2`. In Abschn. 9.2 werden wir untersuchen, wie die Koeffizienten der Summenformeln für höhere Grade aussehen.

2.3 Mengen

Den Begriff der Menge wollen und können wir hier nicht im strengen mathematischen Sinne definieren. Er dient uns nur als Hilfsmittel für eine möglichst kurze Notation konkreter Mengen. In dieser Situation ist es nützlich und üblich, die Mengendefinition von Georg Cantor (1845–1918), dem Begründer der Mengentheorie, zum Auftakt seiner berühmten Abhandlung [Can95] aus dem Jahr 1895 zu zitieren: *Unter einer Menge verstehen wir jede Zusammenfassung bestimmter, wohlunterschiedener Objekte unserer Anschauung oder unseres Denkens – welche die Elemente der Menge genannt werden – zu einem Ganzen.*[2]

Eine Menge ist *definiert* oder *gebildet*, wenn angegeben ist, welche Elemente in ihr enthalten sind. Das kann durch explizite Aufzählung der in ihr enthaltenen Elemente erfolgen, z. B. $\{2, 3, 5, 7, 11\}$, oder durch Angabe einer definierenden Eigenschaft, z. B. $\{n \in \mathbb{N} : n \text{ Primzahl}\}$. Wenn das Bildungsgesetz klar ist, können auch unendliche Aufzählungen verwendet werden, z. B. $\{3, 6, 9, 12, \ldots\}$. Oft verbirgt sich hinter einer solchen unendlichen Aufzählung eine vollständige Induktion (siehe Abschn. 2.2). Die *Kardinalität* $|M|$ einer Menge M bezeichnet die Anzahl der Elemente von M; im Falle unendlicher Mengen schreibt man $|M| = \infty$.

Beispiel 2.10 Einige Beispiele wichtiger Mengen und ihrer üblichen Bezeichnungen sind die *Menge der natürlichen Zahlen* ($\mathbb{N} = \{1, 2, 3, \ldots, \}$, $\mathbb{N}_0 = \{0, 1, 2, 3, \ldots, \}$), die *Menge der ganzen Zahlen* ($\mathbb{Z}$), die *Menge der rationalen Zahlen* ($\mathbb{Q}$) oder die *Menge der reellen Zahlen* ($\mathbb{R}$), die in den voranstehenden Abschnitten auch bereits aufgetreten sind. In

---

[2] In dieser Definition steckt eine gewisse Unschärfe. Je nach Art der Formalisierung kann diese bei gewissen Mengenbildungen zu Widersprüchen führen, zum Beispiel bei der *Russellschen Antinomie*: die Menge aller Mengen, die sich nicht selbst als Element enthalten.

den grundlegenden Analysis-Vorlesungen und -Büchern werden die fundamentalen Eigenschaften dieser Mengen sehr intensiv untersucht (zum Beispiel Ring- bzw. Körperstruktur, Anordnung von $\mathbb{R}$). Einige der für das vorliegende Buch relevanten Analysis-Aspekte sind in Kap. 12 zusammengestellt.

Eine Menge A heißt eine *Teilmenge* einer Menge B, wenn jedes Element von A auch in B enthalten ist. Unter Verwendung des Symbols $:\Longleftrightarrow$, das den Wahrheitswert des Ausdrucks auf der linken Seite durch den Wahrheitswert auf der rechten Seite definiert, kann diese Definition formal auch mittels

$$A \subseteq B :\Longleftrightarrow \forall x \in A \ (x \in A \Longrightarrow x \in B)$$

notiert werden. Zwei Mengen sind *gleich*, wenn sie die gleichen Elemente enthalten, d. h.,

$$A = B :\Longleftrightarrow (A \subseteq B \text{ und } B \subseteq A).$$

Mit den folgenden Operationen lassen sich zwei Mengen A und B verknüpfen:

$$
\begin{aligned}
A \cup B &:= \{x \ : \ x \in A \text{ oder } x \in B\} &&\text{(Vereinigung)}, \\
A \cap B &:= \{x \ : \ x \in A \text{ und } x \in B\} &&\text{(Durchschnitt)}, \\
A \setminus B &:= \{x \ : \ x \in A \text{ und } x \notin B\} &&\text{(Differenz)}, \\
A \times B &:= \{(a,b) \ : \ a \in A \text{ und } b \in B\} &&\text{(kartesisches Produkt)}.
\end{aligned}
$$

Wir stellen einige Regeln für Operationen auf Mengen zusammen.

Theorem 2.11 *Für beliebige Mengen A, B, C gelten die folgenden Eigenschaften.*

$$
\begin{aligned}
\text{Assoziativität:} \quad & A \cup (B \cup C) = (A \cup B) \cup C, \\
& A \cap (B \cap C) = (A \cap B) \cap C. \\
\text{Kommutativität:} \quad & A \cup B = B \cup A, \\
& A \cap B = B \cap A. \\
\text{Distributivität:} \quad & A \cap (B \cup C) = (A \cap B) \cup (A \cap C), \\
& A \cup (B \cap C) = (A \cup B) \cap (A \cup C).
\end{aligned}
$$

Beweis Wir begnügen uns hier damit, die vorletzte Aussage zu zeigen. Zu zeigen ist: $A \cap (B \cup C) \subseteq (A \cap B) \cup (A \cap C)$, $(A \cap B) \cup (A \cap C) \subseteq A \cap (B \cup C)$.

Ist $x \in A \cap (B \cup C)$, dann gilt $x \in A$ und $x \in B \cup C$. Es folgt $x \in A \cap B$ oder $x \in A \cap C$, je nachdem, ob $x \in B$ oder $x \in C$. Insgesamt ergibt sich $x \in (A \cap B) \cup (A \cap C)$. Den Beweis der anderen Inklusion erhalten wir dadurch, dass die soeben ausgeführten Beweisschritte rückwärts betrachtet werden.   □

Die *Potenzmenge* $\mathcal{P}(M)$ einer Menge M ist die Menge aller Teilmengen von M, $\mathcal{P}(M) = \{T : T \subseteq M\}$.

Beispiel 2.12 Für $A = \{a, b, c\}$ ist

$$\mathcal{P}(A) = \{\emptyset, \{a\}, \{b\}, \{c\}, \{a, b\}, \{a, c\}, \{b, c\}, \{a, b, c\}\}.$$

Für eine endliche Menge M besteht $\mathcal{P}(M)$ aus $2^{|M|}$ Elementen, so dass man die Potenzmenge gelegentlich auch mit 2^M abkürzt.

Zur Voreinstimmung auf Kap. 3 des Buches ein weiterer kleiner Vorgriff auf das Sage-System: Sage kennt den Datentyp einer Menge (engl. Set).

```
S = Set([1,3,3,5,7])
5 in S                        True
S.intersection(Set([3,7,23]))    3, 7
```

Hierbei prüft in das Enthaltensein eines Elements in einer Menge und intersection bestimmt eine Schnittmenge.

2.4 Relationen

Eine *binäre Relation R* (kurz: *Relation*) zwischen zwei Mengen A und B ist eine Teilmenge des kartesischen Produkts $A \times B$. Im Falle $A = B$ spricht man von einer Relation auf der Menge A. Eine Relation auf A heißt

- *reflexiv*, wenn für alle $a \in A$ gilt $(a, a) \in R$.
- *symmetrisch*, wenn für $a, b \in A$ mit $(a, b) \in R$ stets folgt, dass $(b, a) \in R$.
- *transitiv*, wenn für $a, b, c \in A$ mit $(a, b) \in R$ und $(b, c) \in R$ stets folgt, dass $(a, c) \in R$.

Beispiel 2.13

a) Auf der Menge $\mathbb{R}$ der reellen Zahlen definiert

$$(a, b) \in R :\Longleftrightarrow a < b$$

eine transitive Relation. R ist nicht reflexiv und nicht symmetrisch.

b) Wir betrachten die Teilbarkeitsrelation auf der Menge der natürlichen Zahlen:

$$(a, b) \in R \Longleftrightarrow b = m \cdot a \text{ mit einem } m \in \mathbb{N}.$$

Im Falle $(a, b) \in R$ sagen wir: *a ist ein Teiler von b*. Die Relation ist reflexiv und transitiv, aber nicht symmetrisch.

c) Im Fall einer endlichen Menge A kann eine Relation auf A durch einen *Graphen* visualisiert werden; in Kap. 4.1 werden Graphen eingehender studiert. Von einem

Abb. 2.1 Relationsgraph

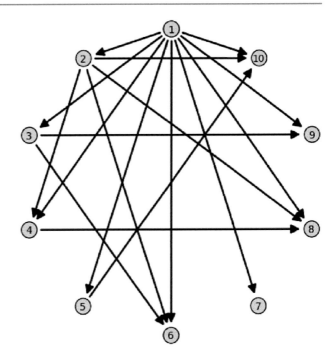

Element a führt genau dann eine Kante zu einem Element b, wenn $(a, b) \in R$. Für $A := \{1, \ldots, 10\}$ zeigt Abb. 2.1 den Graphen zu der Relation

$$(a, b) \in R : \Longleftrightarrow a \text{ ist ein Teiler von } b \text{ und } a \neq b \,.$$

Im Falle einer Relation, bei der ein Element a mit sich selbst in Relation steht, würde eine Kante von dem Element a zu sich selbst führen (*Schlinge*).

Eine Relation auf einer Menge A heißt *Äquivalenzrelation*, falls sie reflexiv, symmetrisch und transitiv ist. In diesem Fall schreiben wir für $(a, b) \in R$ auch $a \overset{R}{\sim} b$ oder kurz $a \sim b$, wenn R aus dem Zusammenhang klar ist.

Die Bedeutung einer Äquivalenzrelation R auf A liegt darin, dass man damit die Menge A in Teilmengen (Klassen) einteilen kann. Für jedes $a \in A$ ist die *Äquivalenzklasse* von a definiert als die Menge aller Elemente in A, die mit a in Relation stehen:

$$[a] := \{b \in A : a \overset{R}{\sim} b\} \,.$$

a heißt *Repräsentant* der Klasse $[a]$. Man beachte, dass jedes $b \in A$ mit $a \overset{R}{\sim} b$ als Repräsentant für $[a]$ Verwendung finden kann.

Beispiel 2.14

a) Die Blutgruppen A, AB, B, 0 dienen zur groben Einteilung des Blutes einer Person. Auf einer Menge M von Personen erklären wir eine Relation durch

$$x \sim y \iff x \text{ und } y \text{ haben dieselbe Blutgruppe.}$$

In der Tat liegt eine Äquivalenzrelation vor. Durch die Äquivalenzklassen wird die Menge der Personen in vier Klassen eingeteilt.

b) Auf der Menge der Studierenden im Hörsaal wird durch

$$x \sim y \iff x \text{ und } y \text{ haben am gleichen Tag Geburtstag}$$

eine Äquivalenzrelation definiert.

c) Auf der Menge aller endlichen Mengen wird durch

$$X \sim Y \iff X \text{ und } Y \text{ haben die gleiche Kardinalität}$$

eine Äquivalenzrelation definiert.

Lemma 2.15 *Sei $\sim$ eine Äquivalenzrelation auf einer Menge A. Dann gilt:*

1. Für $a, b \in A$ mit $a \sim b$ gilt $[a] = [b]$.
2. Für $a, b \in A$ gilt $[a] = [b]$ oder $[a] \cap [b] = \emptyset$. Das heißt, je zwei Äquivalenzklassen sind gleich oder disjunkt.

Beweis (1) Seien $a, b \in A$ mit $a \sim b$. Um zunächst $[a] \subseteq [b]$ zu zeigen, betrachte ein $z \in [a]$, d. h., $a \sim z$. Mit der Symmetrie und der Transitivität folgt $b \sim z$, also ist $z \in [b]$. Um die umgekehrte Inklusion zu zeigen, bemerken wir zunächst, dass aus der Voraussetzung $a \sim b$ und der Symmetrie von $\sim$ auch $b \sim a$ gilt. Der Beweis für $\subseteq$ lässt sich daher wörtlich – lediglich durch Vertauschung der Symbole a und b – auf $\supseteq$ übertragen.

(2) *Es genügt zu zeigen:* Falls $[a] \cap [b] \neq \emptyset$, dann gilt $[a] = [b]$.

Sei $z \in [a] \cap [b] \neq \emptyset$. Dann gilt $a \sim z$ und $b \sim z$. Mit der bereits bewiesenen ersten Aussage folgt $[a] = [z]$ und $[b] = [z]$, insgesamt also $[a] = [b]$. $\qquad\square$

Eine *Partition* einer Menge X ist eine Menge Y nichtleerer Teilmengen von X, für die gilt, dass jedes Element von X in genau einem Element von Y enthalten ist. Sind die Elemente von Y mit den Elementen einer Menge I (*Indexmenge*) indiziert, d. h. $Y = \{Y_i : i \in I\}$, dann ist die Partitionseigenschaft gleichwertig zur Erfüllung der folgenden beiden Bedingungen:

1. $Y_i \cap Y_j = \emptyset$ für $i \neq j$;
2. $\bigcup_{i \in I} Y_i = X$.

Sei $\sim$ wieder eine Äquivalenzrelation auf einer Menge A. Da jedes Element von A in einer Äquivalenzklasse enthalten ist (wegen der Reflexivität nämlich in seiner eigenen), bildet die Menge der Äquivalenzklassen nach Lemma 2.15 eine Partition von A. Die Menge der Äquivalenzklassen bezeichnen wir mit $A_{/\sim}$,

$$A_{/\sim} := \{[a] : a \in A\}.$$

Beispiel 2.16 Auf der Menge der „mathematischen Ausdrücke" definiert die gewöhnliche Gleichheitsrelation eine Äquivalenzrelation. In diesem Sinne stimmen etwa die Äquivalenzklassen von $\sin\frac{\pi}{6}$ und $\frac{1}{2}$ überein; ebenso die Äquivalenzklassen von $\sin^2(\frac{\pi}{7}) + \cos^2(\frac{\pi}{7})$ und 1; und ebenso die Äquivalenzklassen von $\sin\frac{\pi}{3}$ und $\frac{1}{2}\sqrt{3}$.

Diese Bemerkungen werden etwa durch die Ausgabe 0 bei folgender Sage-Eingabe reflektiert.

```
f = sin(pi/3) - 1/2*sqrt(3)
f.simplify()                              0
```

2.5   Abbildungen

Sei R eine Relation zwischen zwei Mengen A und B. R heißt eine *Abbildung* oder *Funktion*, wenn jedes Element aus A mit genau einem Element aus B in Relation steht. Als Schreibweise für eine Funktion dient $f : A \rightarrow B, a \mapsto f(a)$, wobei $f(a)$ das einem Element $a \in A$ zugeordnete Element ist. A heißt die *Definitionsmenge* und B die *Zielmenge* der Funktion.

Der Funktionswert $f(a)$ eines Elements $a \in A$ wird als *Bild* von a bezeichnet. Das *Urbild* $f^{-1}(b)$ eines Elements $b \in B$ ist definiert als $f^{-1}(b) := \{a \in A : f(a) = b\}$. Für $X \subseteq A$ und $Y \subseteq B$ setze $f(X) = \{f(x) : x \in X\}$ sowie

$$f^{-1}(Y) = \{a \in A : \text{es existiert ein } y \in Y \text{ mit } f(a) = y\}.$$

▶ **Definition 2.17** Eine Abbildung $f : A \rightarrow B$ heißt

1. *injektiv*, wenn für alle $a, a' \in A$ mit $a \neq a'$ gilt $f(a) \neq f(a')$.
2. *surjektiv*, wenn für alle $b \in B$ ein $a \in A$ existiert mit $f(a) = b$.
3. *bijektiv*, wenn f injektiv und surjektiv ist.

Beispiel 2.18 Die Abbildung $f : \mathbb{N} \rightarrow \mathbb{N}, x \mapsto x^2$ ist injektiv, aber nicht surjektiv.

Für endliche Mengen A und B mit $|A| < |B|$ kann eine Abbildung $f : A \rightarrow B$ nicht injektiv sein. Eine Begründung hierfür liefert das sogenannte *Schubfachprinzip*: Verteilt man n Objekte auf m Mengen mit $n > m$, dann gibt es mindestens eine Menge, der mehr als ein Objekt zugeordnet wird. Tatsächlich gilt im Fall endlicher Mengen A und B gleicher Kardinalität sogar die folgende Aussage:

Theorem 2.19 *Seien A und B endliche Mengen mit $|A| = |B|$ und $f : A \to B$ eine Abbildung. Dann sind folgende Aussagen äquivalent:*

1. *f ist surjektiv;*
2. *f ist injektiv;*
3. *f ist bijektiv.*

Beweis Um „(1) $\Longrightarrow$ (2)" zu zeigen, gehen wir indirekt vor. Sei $|A| = |B|$ und $f : A \to B$. Ist f nicht injektiv, dann gilt $|f(A)| < |A| = |B|$. Also kann f nicht surjektiv sein.

Auch „(2) $\Longleftarrow$ (1)" zeigen wir indirekt. Sei $|A| = |B|$ und $f : A \to B$. Ist f nicht surjektiv, dann gilt $|f(A)| < |B| = |A|$. Aufgrund des voranstehend beschriebenen Schubfachprinzips kann f nicht injektiv sein.

Da unter den Voraussetzungen des Satzes also f genau dann surjektiv ist, wenn f injektiv ist, folgt auch die Äquivalenz von (3) zu diesen beiden Aussagen.   □

2.6 Zählen

Wir stellen einige grundlegende Zählprinzipien zusammen. Bekanntlich bezeichnet für eine natürliche Zahl n die *Fakultät* $n!$ den Wert

$$n! = 1 \cdot 2 \cdot 3 \cdots n \,.$$

Wir setzen $0! = 1$; dann gilt für $n \geq 0$ die Rekursionsformel $(n + 1)! = (n + 1)n!$. Die Fakultätsfunktion wächst sehr rasch; beispielsweise ist $10! = 3.628.800$.

Die Anzahl der Möglichkeiten, n verschiedene Elemente in einer Reihenfolge anzuordnen, beträgt $n!$. Formal verbirgt sich hinter dieser Aussage der Begriff der Permutation. Unter einer *Permutation* einer Menge M versteht man eine bijektive Abbildung einer Menge auf sich. Ist $M = \{1, \ldots, n\}$, so erzeugt jede Permutation $\sigma : M \to M$ eine Anordnung der Zahlen $1, \ldots, n$, nämlich $\sigma(1), \ldots, \sigma(n)$. Die Anzahl der Permutationen einer n-elementigen Menge beträgt $n!$.

Binomialkoeffizienten Für $n \in \mathbb{N}_0$ und $0 < k \leq n$ ist der *Binomialkoeffizient* $\binom{n}{k}$ definiert als

$$\binom{n}{k} := \frac{n(n-1) \cdots (n-k+1)}{k!} = \frac{n!}{k!(n-k)!} \,.$$

Wir setzen $\binom{n}{0} := 1$.

Theorem 2.20 *Die Anzahl der k-elementigen Teilmengen einer nichtleeren Menge mit n Elementen beträgt $\binom{n}{k}$, wobei $0 \leq k \leq n$.*

Beweis Es gibt $n \cdot (n-1) \cdots (n-k+1) = n!(n-k)!$ Möglichkeiten, die k Elemente auszuwählen, wenn die Reihenfolge berücksichtigt wird. Durch Division durch die Anzahl $k!$ der Anordnungen ergibt sich $\frac{n!}{(n-k)!k!} = \binom{n}{k}$. $\qquad\square$

Aus der Definition der Binomialkoeffizienten folgt unmittelbar die Symmetriebeziehung

$$\binom{n}{k} = \frac{n!}{k!(n-k)!} = \binom{n}{n-k}.$$

Darüber hinaus gilt:

Theorem 2.21 *Für $n \in \mathbb{N}_0$ und $0 \le k < n$ genügen die Binomialkoeffizienten der Rekursionsformel*

$$\binom{n+1}{k+1} = \binom{n}{k} + \binom{n}{k+1}.$$

Beweis Für $0 \le k < n$ gilt

$$
\begin{aligned}
\binom{n}{k} + \binom{n}{k+1} &= \frac{n!}{k!(n-k)!} + \frac{n!}{(k+1)!(n-k-1)!} \\
&= \frac{n!}{k!(n-k-1)!} \left(\frac{1}{n-k} + \frac{1}{k+1} \right) \\
&= \frac{n!}{k!(n-k-1)!} \frac{n+1}{(n-k)(k+1)} = \binom{n+1}{k+1}. \qquad\square
\end{aligned}
$$

Mit Hilfe der Rekursionsformel und der Werte $\binom{0}{0} = \binom{n}{n} = 1$ können die Binomialkoeffizienten sukzessive berechnet werden. In der nachfolgend illustrierten Tabellierung der Binomialkoeffizienten im *Pascalschen Dreieck* werden in Zeile n ($n \ge 0$) die Binomialkoeffizienten $\binom{n}{0}, \binom{n}{1}, \ldots, \binom{n}{n}$ aufgeführt. Die Ränder des Pascalschen Dreiecks bestehen aus Einsen, und jede weitere Zahl ist aufgrund der Rekursionsformel die Summe der beiden schräg darüber stehenden.

$n = 0$							1							
$n = 1$						1		1						
$n = 2$					1		2		1					
$n = 3$				1		3		3		1				
$n = 4$			1		4		6		4		1			
$n = 5$		1		5		10		10		5		1		
$n = 6$	1		6		15		20		15		6		1	
$n = 7$	1	7		21		35		35		21		7		1

Inklusion-Exklusion Sind $A_1, \ldots, A_r$ disjunkte endliche Mengen, dann gilt für die Kardinalität $\left| \bigcup_{i=1}^{r} A_i \right|$ der Vereinigung offensichtlich $\left| \bigcup_{i=1}^{r} A_i \right| = \sum_{i=1}^{r} |A_i|$. Für nichtdisjunkte Mengen müssen wir sorgfältiger vorgehen.

Beispiel 2.22 Für zwei endliche Mengen A_1 und A_2 gilt

$$|A_1 \cup A_2| = |A_1| + |A_2| - |A_1 \cap A_2|,$$

da die Elemente im Durchschnitt $A_1 \cap A_2$ sowohl in der Kardinalität $|A_1|$ als auch in $|A_2|$ eingerechnet sind.

Entsprechend gilt für drei endliche Mengen A_1, A_2, A_3

$$|A_1 \cup A_2 \cup A_3| = |A_1| + |A_2| + |A_3| - |A_1 \cap A_2| - |A_1 \cap A_3| - |A_2 \cap A_3|$$
$$+ |A_1 \cap A_2 \cap A_3|.$$

Durch Verallgemeinerung des Beispiels auf r Mengen $A_1, \ldots, A_r$ ergibt sich

$$|A_1 \cup \cdots \cup A_r| = \sum_i |A_i| - \sum_{i<j} |A_i \cap A_j| + \sum_{i<j<k} |A_i \cap A_j \cap A_k| \tag{2.2}$$
$$- \cdots + (-1)^{r-1} |A_1 \cap \cdots \cap A_r|,$$

wobei $\sum_{i<j}$ eine Kurzschreibweise für die Doppelsumme $\sum_{i=1}^{r} \sum_{\substack{j=1 \\ i<j}}^{r}$ ist.

Hierdurch wird das folgende allgemeine Zählprinzip nahegelegt. Sei S eine n-elementige Menge. Jedes Element kann eine oder mehrere – mit $E_1, \ldots, E_r$ bezeichnete – Eigenschaften erfüllen. Mit $N(E_i)$ bezeichnen wir die Anzahl der Elemente, die die Eigenschaft E_i erfüllen, mit $N(E_i E_j)$ die Anzahl der Elemente, die die Eigenschaften E_i und E_j erfüllen, und allgemein mit $N(E_{i_1} E_{i_2} \cdots E_{i_m})$ die Anzahl der Elemente, die die m Eigenschaften $E_{i_1}, \ldots, E_{i_m}$ erfüllen. N_0 bezeichne die Anzahl der Elemente, die keine der Eigenschaften erfüllt.

Theorem 2.23 (Einschluss-Ausschluss-Prinzip) *Mit der voranstehenden Notation gilt*

$$N_0 = n - \sum_i N(E_i) + \sum_{i<j} N(E_i E_j) - \sum_{i<j<k} N(E_i E_j E_k) + \cdots$$
$$+ (-1)^r N(E_1 E_2 \cdots E_r).$$

Beweis Mit der Bezeichnung $A_i = \{x \in S : x \text{ hat Eigenschaft } E_i\}$ gilt $|N(E_{i_1} \cdots E_{i_m})| = |A_{i_1} \cap \cdots \cap A_{i_m}|$. Die Aussage folgt daher aus Formel (2.2). $\qquad \square$

Beispiel 2.24 Eine Permutation f einer n-elementigen Menge M heißt *fixpunktfrei* (engl. „derangement", Unordnung), wenn $f(a) \neq a$ für $a \in M$. Die Frage nach der Anzahl der Unordnungen D_n einer n-elementigen Menge korrespondiert zu der anschaulichen Frage, wie groß die Wahrscheinlichkeit ist, dass bei einem zufälligen (gleichverteilten) Vertauschen von n adressierten Briefen und Umschlägen kein Brief im richtigen Umschlag landet. Die fixpunktfreien Anordnungen von $\{1, 2, 3\}$ bzw. von $\{1, 2, 3, 4\}$ sehen wir uns bequem mit Sage an. Es ist also $D_2 = 1$, $D_3 = 2$ und $D_4 = 9$.

```
Derangements([1,2,3]).list()          [[2, 3, 1], [3, 1, 2]]
Derangements([1,2,3,4]).list()        [[2, 3, 4, 1], [4, 3, 1, 2],
                                       [2, 4, 1, 3], [3, 4, 2, 1],
                                       [3, 1, 4, 2], [4, 1, 2, 3],
                                       [4, 3, 2, 1], [3, 4, 1, 2],
                                       [2, 1, 4, 3]]
```

Zur Bestimmung von D_n betrachten wir die Menge aller Permutationen auf $\{1, \ldots, n\}$, und für $1 \leq i \leq n$ sei E_i die Eigenschaft, dass Element i in einer Permutation an der ursprünglichen Stelle bleibt. Dann ist N_0 die Anzahl der Permutationen, in denen kein Element an der ursprünglichen Stelle bleibt, das heißt $D_n = N_0$.

Wegen $N(E_i) = (n-1)!$, $N(E_i E_j) = (n-2)!$ für $i < j$ und $N(E_{i_1} E_{i_2} \cdots E_{i_m}) = (n-m)!$ ergibt sich mit dem Einschluss-Ausschluss-Prinzip

$$D_n = n! - \sum_i (n-1)! + \sum_{i<j} (n-2)! - \cdots + (-1)^n$$

$$= n! - \binom{n}{1}(n-1)! + \binom{n}{2}(n-2)! - \cdots + (-1)^n$$

$$= \sum_{k=0}^{n} (-1)^k \binom{n}{k}(n-k)!$$

$$= n! \sum_{k=0}^{n} \frac{(-1)^k}{k!}.$$

Die Wahrscheinlichkeit in dem beschriebenen Briefproblem beträgt daher

$$\frac{D_n}{n!} = \sum_{k=0}^{n} \frac{(-1)^k}{k!}.$$

Im Lichte der Reihendarstellung der Exponentialfunktion $e^x = \sum_{k=0}^{\infty} \frac{x^k}{k!}$ konvergiert diese Wahrscheinlichkeit für $n \to \infty$ gegen $e^{-1} \approx 0{,}368$.

Die für $n = 8$ mit dem Sage-Befehl numerical_approx zu gewinnenden Approximationen für $\frac{D_8}{8!}$ und e^{-1} liefern

```
d = Derangements([1,2,3,4,5,6,7,8]).cardinality()    14833
numerical_approx(d/factorial(8))                     0.367881944444444
numerical_approx(1/e)                                0.367879441171442
```

2.7 Übungsaufgaben

1. Zeigen Sie für $n \in \mathbb{N}$, dass $n^3 - 6n^2 + 14n$ durch 3 teilbar ist.
2. Zeigen Sie mittels vollständiger Induktion, dass man mit n Geraden die Ebene in höchstens $\frac{n^2+n+2}{2}$ Gebiete zerlegen kann.
3. Seien $\mathcal{P}(A)$ und $\mathcal{P}(B)$ die Potenzmengen zweier endlicher Mengen A und B. Zeigen oder widerlegen Sie:

$$\mathcal{P}(A) = \mathcal{P}(B) \Longleftrightarrow A = B.$$

4. Die symmetrische Differenz von Mengen A und B ist definiert durch

$$A \triangle B := \{x \in A : x \notin B\} \cup \{x \in B : x \notin A\}.$$

   Beweisen Sie für Mengen A, B, C :

$$(A \triangle B) \triangle C = A \triangle (B \triangle C).$$

5. Entscheiden Sie, ob die folgenden Relationen $R \subseteq \mathbb{R} \times \mathbb{R}$ Äquivalenzrelationen sind (mit Beweis):
   a. $R_1 \colon x \sim y :\Longleftrightarrow x = y$.
   b. $R_2 \colon x \sim y :\Longleftrightarrow |x - y| < d$ für ein festes $d > 0$.
   c. $R_3 \colon x \sim y :\Longleftrightarrow f(x) = f(y)$ für eine feste Abbildung $f : \mathbb{R} \to \mathbb{R}$.
6. Auf der Menge $A := \{-3, -2, -1, 0, 1, 2, 3\}$ sei die Relation $R \subseteq A \times A$ durch

$$x \sim y :\Longleftrightarrow x^2 = y^2$$

   gegeben. Bestimmen Sie [3], [0] und $A_{/\sim}$.
7. Es sei $n \in \mathbb{N}$. Zeigen Sie die folgenden Ungleichungen für die Binomialkoeffizienten $\binom{n}{k}$:

$$\binom{n}{0} < \binom{n}{1} < \cdots < \binom{n}{\lfloor n/2 \rfloor} = \binom{n}{\lceil n/2 \rceil} > \cdots > \binom{n}{n-1} > \binom{n}{n},$$

   wobei bei geradem n die mittleren Terme zusammenfallen.
8. Sei D_n die Anzahl der Unordnungen (Derangements) einer n-elementigen Menge. Bestimmen Sie für gegebenes k die Anzahl der Permutationen der Menge, in denen genau k Elemente auf sich selbst abgebildet werden, und folgern Sie

$$n! = \sum_{k=0}^{n} \binom{n}{k} D_k.$$

9. Zeigen Sie, dass bei zufälliger (gleichverteilter) Permutationswahl einer n-elementigen Menge die durchschnittliche Anzahl der auf sich selbst abgebildeten Elemente 1 beträgt, d. h.,

$$\frac{1}{n!} \sum_{k=0}^{n} k \binom{n}{k} D_{n-k} = 1 \,,$$

wobei D_n die Anzahl der Derangements einer n-elementigen Menge bezeichnet. Hinweis: Aufgabe 8.

2.8 Anmerkungen

Das in dem Abschnitt behandelte Grundlagenmaterial findet sich in vielen sich an Studierende der ersten Studiensemester richtenden Darstellungen. Zur Vertiefung sei etwa auf die Bücher von Aigner [Aig06], Grieser [Gri13] sowie Schichl und Steinbauer [SS12] verwiesen.

Die genannte (starke) Goldbachsche Vermutung zählt zu den berühmten ungelösten Problemen der Zahlentheorie. Tatsächlich war die ursprünglich von Christian Goldbach (1690–1764) aufgestellte Vermutung etwas schwächer und lautete: Jede ungerade Zahl größer als 5 kann als Summe dreier Primzahlen geschrieben werden. Mittels aufwendiger Computerberechnungen ist bekannt, dass die starke Goldbach-Vermutung mindestens für alle natürlichen Zahlen bis $4 \cdot 10^{18}$ richtig ist.

Für die genannte Legendre-Vermutung (nach Adrien-Marie Legendre, 1752–1833) ist aufgrund von Computerberechnungen bekannt, dass sie mindestens bis zur Zahl 10^{18} richtig ist.

Literatur

[Aig06] AIGNER, M.: *Diskrete Mathematik*. 6. Auflage. Vieweg, Wiesbaden, 2006

[Can95] CANTOR, G.: Beiträge zur Begründung der transfiniten Mengenlehre. In: *Math. Ann.* 46 (1895), Nr. 4, S. 481–512

[Gri13] GRIESER, D.: *Mathematisches Problemlösen und Beweisen*. Springer Vieweg, Wiesbaden, 2013

[SS12] SCHICHL, H.; STEINBAUER, R.: *Einführung in das mathematische Arbeiten*. Springer-Verlag, Berlin, 2. Auflage, 2012

Das Software-System Sage

3

SageMath (für Sage Mathematical Software System, kurz Sage) ist ein sehr umfangreiches mathematisches Software-System, das auf die Initiative des Mathematikers William Stein aus dem Jahr 2004 zurückgeht, ein einheitliches Interface für viele leistungsfähige, spezialisierte Software-Systeme zu schaffen. Sage verwendet beispielsweise die Programme Gap (Gruppentheorie), Pari (Zahlentheorie) sowie Singular (Computeralgebra), und die sich damit eröffnenden Möglichkeiten gehen weit über das hinaus, was wir im Rahmen des vorliegenden Buches kennenlernen werden. Über Schnittstellen kann es auch weitere Programme wie Maple, Mathematica, Matlab oder Octave ansprechen. Das Akronym Sage leitet sich von *System for Algebra and Geometry Experimentation* her.

Wir geben einen ersten Einblick in Sage, ohne dadurch das Studium der online verfügbaren Dokumentation ersetzen zu wollen. Hierbei nutzen wir die in dem vorhergehenden Kapitel bereitgestellten mathematischen Elemente und machen erste Berührungen mit Kontrollstrukturen.

3.1 Zugangsmöglichkeiten

Sage kann auf verschiedene Arten genutzt werden:

1. als Softwarepaket,
2. über einen Zugang auf einem Cloud Server, oder
3. über eine direkte WWW-Schnittstelle (*Cell Server*).

Das Softwarepaket Sage ist frei von der Homepage http://www.sagemath.org verfügbar und steht insbesondere für die folgenden Betriebssysteme zur Verfügung:

© Springer Fachmedien Wiesbaden 2016
T. Theobald, S. Iliman, *Einführung in die computerorientierte Mathematik mit Sage*,
Springer Studium Mathematik – Bachelor, DOI 10.1007/978-3-658-10453-5_3

- Linux,
- Apple Mac OS X,
- Windows (hierzu ist zunächst die Installation einer frei verfügbaren *VirtualBox* erforderlich; siehe die Installationsbeschreibung auf der Sage-Homepage).

Ein besonders positiver Punkt bei Sage ist, dass – im Gegensatz zu kommerzieller Software – aufgrund der Einsehbarkeit des Quellcodes alle verwendeten mathematischen Algorithmen offengelegt sind; bei kommerziellen Paketen verbergen sich dahinter oft Firmengeheimnisse.

Nach erfolgter Installation kann Sage mittels eines Web-Browsers bedient werden. Unter Linux startet man das Paket beispielsweise mit **sage** und kann nun durch Eingabe von **notebook()** die Notebook-Schnittstelle aufrufen. In dem sich nun öffnenden Browser-Fenster kann bequem gearbeitet werden. Mit dem Browser können sogenannte Sage-*Notebooks* zur Verwaltung von Programmstücken eröffnet werden.

Die genannten Zugangsmöglichkeiten über das Internet können wie folgt genutzt werden. Unter

https://cloud.sagemath.com/

können Notebooks eröffnet werden, die dann auf einem Cloud-Server ausgeführt werden. Für kurze Kommandosequenzen steht unter

sagecell.sagemath.org

der *Sage Cell Server* zur Verfügung, bei dem direkt auf einer WWW-Seite eine Befehlsfolge eingegeben werden kann. Aufrufe des Cell Servers können auch in eigene WWW-Seiten eingebunden werden.

Als begleitende Einstiegsliteratur zu Sage sei insbesondere auf das auf der Sage-Homepage verfügbare Tutorial [Ste15] hingewiesen. Dieses Tutorial kann auch interaktiv durchgearbeitet werden, so dass die ersten Schritte in Sage damit besonders erfahrungsreich werden.

Wir stellen einige nützliche Bedienungshinweise zusammen. Die Eingabeschnittstelle für die Softwareversion von Sage verhält sich so, wie man es von üblichen Betriebssystemen kennt. Gibt man einen Befehlsanfang ein (etwa zu den im nächsten Abschnitt behandelten Mengen, engl. *Set*), so werden bei Betätigen der Tabulatortaste alle möglichen Befehlsvollendungen aufgelistet.

```
sage: Set
```

Set	SetPartitionsIk	SetPartitionsSk
SetPartitions	SetPartitionsPRk	SetPartitionsTk
SetPartitionsAk	SetPartitionsPk	Sets
SetPartitionsBk	SetPartitionsRk	SetsWithPartialMaps

Ein Fragezeichen am Ende eines Befehls, z. B. `Set?` liefert eine Hilfe zur Verwendung des gewünschten Befehls.

In allen oben genannten Zugangsmöglichkeiten zu `Sage` erhält man mit dem Befehl `help` Hilfe zu einzelnen Themen und Kommandos.

```
help(numerical_approx)
```

`Sage` ist in der objektorientierten Programmiersprache `Python` implementiert und setzt in der angebotenen Funktionalität auf dieser Programmiersprache auf. Entsprechend finden sich in `Sage` die Konzepte und Elemente von `Python` wieder, und in der Benutzung von `Sage` verfließen die Sprachen miteinander.

3.2   Ein erster Einblick in `Sage`

Wir geben hier einen ersten Einblick in `Sage`. Viele der Grundkommandos reflektieren in natürlicher Weise die auszuführenden mathematischen Operationen. Die Eingabesequenz

```
3+4
```

liefert als Ausgabe die Summe von 3 und 4, also `7`. Abbildung 3.1 zeigt den Bildschirm dieser ersten Rechnung auf dem `Sage` Cell Server. Entsprechend stehen die Operationen `-`, `*`, `/` für die Subtraktion, Multiplikation und Division zur Verfügung.

```
20-3                          17
20*3                          60
20/3                          20/3
```

`Sage` rechnet *exakt*, d. h., eine rationale Zahl wie `20/3` wird exakt behandelt und nicht nur etwa mit einer festen Zahl an Nachkommastellen. Für ganze Eingabezahlen liefert die Operation `//` den ganzzahligen Anteil einer Division und `%` den Rest der ganzzahligen Division; eine Potenz wird mit `^` oder äquivalent mit `**` berechnet.

```
20//3                          6
20%3                           2
20^3                           8000
```

Mit dem Gleichheitszeichen können Werte an Variablen zugewiesen werden:

```
a=3+4
```

für eine ganze Zahl oder

```
a=20/3
```

für eine rationale Zahl.

About SageMathCell

Type some Sage code below and press Evaluate.

```
1   3+4
```

Evaluate   Language: Sage   •

Share

```
7
```

Help | Powered by SageMath

Abb. 3.1 Der Bildschirm einer ersten Rechnung auf dem Sage Cell Server

Datentypen Beim Anlegen einer Variablen wird ein interner *Datentyp* zugeordnet, also festgelegt, ob es sich bei der Variablen etwa um eine ganze Zahl, eine rationale Zahl, eine reelle Zahl oder eine komplexe Zahl handelt. In vielen Fällen erster Untersuchungen mit Sage kommt man mit wenigen Kenntnissen zu den Datentypen aus. Es gibt jedoch Situationen, in denen es von großer Bedeutung ist, ob beispielsweise die Zahl 3 als ganze Zahl, als rationale Zahl, als reelle Zahl oder als komplexe Zahl interpretiert werden soll, und das Ergebnis einiger Algorithmen in Sage hängt von der entsprechenden Zuordnung ab.

Jedes Objekt a in Sage besitzt einen Typ, der sich mit type(a) ermitteln lässt. Bei dem Typ kann es sich um eine Standard-Python-Klasse oder um eine in Sage implementierte Klasse handeln. Für ganze Zahlen, rationale Zahlen bzw. reelle Zahlen (begrenzter Genauigkeit) werden die folgenden Typen ermittelt:

```
type(3)              <type 'sage.rings.integer.Integer'>
type(7/3)            <type 'sage.rings.rational.Rational'>
type(4.9)            <type 'sage.rings.real_mpfr.RealLiteral'>
```

Wir gehen hier nicht auf alle Details der Typen ein, es ist jedoch wichtig zu wissen, dass verschiedene Typen existieren. An den Bezeichnungen ist ersichtlich, dass es sich um in

`Sage` implementierte Klassen handelt, während der Typ einer Zeichenkette („String")

```
type(str('a'))                    <type 'str'>
```

eine Standard-`Python`-Klasse ist. Jeder `Sage`-Typ ist aus einer mathematischen Grund-
struktur gewonnen, welche man mittels `parent(a)` anzeigen kann. Im Falle eines
ganzzahligen Ausdrucks oder einer ganzzahligen Variablen `a` erhalten wir die Ausgabe `Integer Ring`, also den Ring der ganzen Zahlen, und im Falle einer rationalen Zahl
die Ausgabe `Rational Field`, also den Körper der rationalen Zahlen.

`Sage` als Taschenrechner   Zum Kennenlernen von `Sage` betrachten wir einige Situationen, in denen `Sage` als besserer Taschenrechner verwendet wird. Mit den eingeführten
arithmetischen Grundoperationen lassen sich auch komplizierte Ausdrücke bilden, wobei
die übliche Reihenfolge der Auswertung – etwa „Punktrechnung vor Strichrechnung" –
befolgt wird. Klammern eröffnen die Möglichkeit, Unterausdrücke zu bilden.

```
1*2+3*4+5*6                       44
(1+2)*(3+4)*(5+6)                 231
```

Eine numerische Approximation einer Zahl – z. B. der Zahl $\frac{20}{3}$ – erhält man durch
`numerical_approx(20/3)`, `(20/3).numerical_approx()` oder abkürzend `n(20/3)`,
`(20/3).n()`. Die Antwort lautet `6.66666666666667`. Um genau acht Stellen zu erhalten,
dient `(20/3).n(digits=8)` und liefert `6.6666667`. Dieses Ergebnis wird von `Sage` als
reelle Zahl behandelt.

```
b=(20/3).n(digits=8)              6.6666667
type(b)                           <type 'sage.rings.real_mpfr.RealNumber'>
```

Die nachfolgende Tabelle enthält einige grundlegende Funktionen, die in `Sage` zur
Verfügung stehen.

Mathematische Funktion	Sage
Quadratwurzel	`sqrt(x)`
Sinus, Cosinus, Tangens	`sin(x)`, `cos(x)`, `tan(x)`
Exponentialfunktion	`exp(x)`
Natürlicher Logarithmus	`log(x)`
Logarithmus zur Basis b	`log(x,b)`
Betragsfunktion $|\cdot|$	`abs(x)`

Der Rest einer ganzzahligen Division $x \bmod y$ lässt sich als `x%y` oder durch die Funktion
`mod(x,y)` ausdrücken.

Die Konstante `pi` bezeichnet die Kreiszahl π. Bei der Berechnung des trigonometrischen Funktionswerts $\sin\frac{\pi}{3}$ mittels `sin(pi/3)` erhält man den exakten Wert
`1/2*sqrt(3)`. Ebenso wird beispielsweise $\sqrt{2}$ exakt behandelt: die Eingabe `sqrt(2)`

liefert sqrt(2) zurück und sqrt(2)*sqrt(2) liefert den exakten Wert 2. Bei Eingabe sqrt(-1) erhalten wir als Antwort die imaginäre Einheit I; wir werden auf komplexe Zahlen in Abschn. 8.1 näher eingehen.

Gerade auch für den Einstieg sind die grafischen Möglichkeiten von Sage sehr hilfreich. Um eine Sinuskurve im Bereich von 0 bis 2π darzustellen, genügt:

plot(sin(x), (x, 0, 2*pi))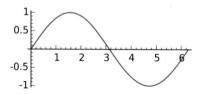

Und nachstehendes Bild zeigt die Visualisierung der Funktion $\sin\frac{1}{\frac{1}{10}+x^2}$ (im Bereich $x \in [-3, 3]$), die die Sichtweise untermauern soll, wie nützlich Software-Werkzeuge wie Sage beim eigenen Experimentieren sein können.

plot(sin(1/(1/10+x^2)), (x,-3,3))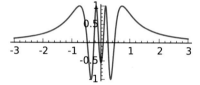

3.3   Aussagen, Mengen und Relationen

Wir setzen einige in Kap. 2 eingeführte Konstrukte in Sage um. Die folgenden logischen Ausdrücke liefern die Wahrheitswerte True bzw. False zurück.

x == y   Gleichheitstest: liefert den Wahrheitswert True, wenn x und y den gleichen Wert haben. Beachten Sie, dass == einen Vergleich ausführt und keine Zuweisung (im Gegensatz zum Symbol =).

x != y bzw. x <> y   Ungleichheitstest: liefert den Wahrheitswert True, wenn x und y verschiedene Werte haben.

Stehen x und y für reelle Werte oder reelle Variablen, dann lassen sich die gewöhnlichen Operatoren <, >, <= und >= für den numerischen Vergleich der Zahlen verwenden. Einige Beispiele:

a == 5   Gleichheitstest: Hat a den Wert 5?
a < 4 $a < 4$?
a != 4 bzw. a <> 4 $a \neq 4$?

Es stehen die logischen Operatoren `and`, `or` und `not` zur Verfügung. Beispielsweise liefert im Falle einer Variablen *a* vom Wert 2 der Ausdruck `(3 > 5) or (a > 4)` den Wert `False`, und `not a > 4` liefert den Wert `True`.

Das Anlegen von Mengen erfolgt mittels `Set`. Mit `cardinality` lässt sich die Kardinalität bestimmen, und mit `union`, `intersection` und `difference` Vereinigungs-, Schnitt- und Differenzmengen bilden.

```
M = Set([1,2,3])              1, 2, 3
N = Set([5,7])                5, 7
M.cardinality()               3
M.union(N)                    1, 2, 3, 5, 7
M.intersection(N)
M.difference(Set([2,3]))      1
```

Abschnitt 3.5 wird näher begründen, warum die Elemente der Eingabemengen in eckige Klammern einzurahmen sind. `Sage` kennt darüber hinaus einige besonders wichtige Mengen, beispielsweise die Menge $\mathbb{Z}$ (zu notieren als `ZZ`), $\mathbb{Q}$ (`QQ`) oder die Menge der Primzahlen.

```
Z = Set(ZZ)                   Set of elements of Integer Ring
7 in Z                        True
7.5 in Z                      False
P = Set(Primes())             Set of all prime numbers: 2, 3, 5, 7, ...
101 in P                      True
102 in P                      False
```

In `Sage` lassen sich neue Funktionen erstellen. Wir betrachten ein einfaches Beispiel einer Funktionsdefinition, etwa der Funktion $\mathbb{Z} \to \mathbb{Z}$, $x \mapsto 3x + 1$, die wir in Abschn. 11.1 als Collatz-Funktion wiedertreffen werden. Der Befehl `return` dient zur Rückgabe des Funktionswertes an die aufrufende Stelle.

```
def myfun(x):
    return(3*x+1)
```

Der Aufruf `myfun(5)` liefert `16`.

3.4 Zählen

Es stehen die folgenden Funktionen zur Verfügung, die wir in Abschn. 2.6 über die grundlegenden Zählprinzipien kennengelernt haben.

`factorial(x)` Fakultätsfunktion
`binomial(n,k)` Binomialkoeffizient

Einige Beispiele sind:

```
factorial(6)                       720
binomial(4,2)                      6
binomial(40,20)                    137846528820
```

Die beiden Eingaben `binomial(7,4)` und `binomial(6,3)+binomial(6,4)` liefern beide die Ausgabe `35`, vergleiche Theorem 2.21.

Beispiel 3.1 Wie viele verschiedene Wörter der Länge 12 lassen sich aus vier Buchstaben A, vier Buchstaben B und vier Buchstaben C bilden, bei denen keine vier aufeinanderfolgenden Buchstaben der gleichen Art vorkommen?

Es gibt $\frac{12!}{4!4!4!}$ verschiedene Wörter aus den gegebenen Buchstaben. In der Notation von Theorem 2.23 bezeichne E_i die Eigenschaft, dass der i-te Buchstabe des Alphabets ($i \in \{1, 2, 3\}$) in einem Wort viermal hintereinander vorkommt. Durch Betrachtung eines Viererblocks des gleichen Buchstabens als eine Einheit ergibt sich für die Anzahl $N(E_i)$ der Wörter mit Eigenschaft E_i die Beziehung $N(E_i) = \frac{(1+8)!}{4!4!}$. Mit dem Einschluss-Ausschluss-Prinzip 2.23 folgt für die gesuchte Anzahl N_0

$$N_0 = \frac{12!}{4!4!4!} - \binom{3}{1}\frac{9!}{4!4!} + \binom{3}{2}\frac{6!}{4!} - 3!.$$

Die Sage-Eingabe

```
factorial(12)/(factorial(1)^3)
  - binomial(3,1)*factorial(9)/(factorial(4)^2)
  + binomial(3,2)*factorial(6)/factorial(4)  - factorial(3)
```

liefert für die Anzahl der Möglichkeiten `32844`.

Mit Sage lassen sich nicht nur die Anzahlen von kombinatorischen Auswahlsituationen als Binomialkoeffizient bestimmen, sondern die relevanten Kombinationen lassen sich auch als Mengen bearbeiten. Beispielsweise gibt es $2^4 = 16$ Teilmengen der Menge $\{1, 2, 3, 4\}$. Mit

```
Z = Set([1,2,3,4])
S = Subsets(Z)
S.cardinality()                    16
```

wird eine Liste all dieser Kombinationen bestimmt und ihre Anzahl ausgegeben. Die gesamte Liste lässt sich mittels `S.list()` ausgeben, und auf die einzelnen Elemente der Liste lässt sich mit `S[0]`, ..., `S[15]` zugreifen. Wir gehen im nächsten Abschnitt näher auf das Arbeiten mit Listen ein. In ähnlicher Hinsicht gibt es `binomial(8,4)` $= 70$ Möglichkeiten, aus den acht Spielkarten 7, 8, 9, 10, Bube, Dame, König, As gleicher Spielkartenfarbe vier Karten auszuwählen. Wir erhalten eines Liste all dieser Kombinationen und ihre Anzahl wie folgt:

```
C = Combinations(['7','8','9','10','B','D','K','A'],4)
C.cardinality()                                      70
```

Mit `Permutations(n)` und `Derangements(n)` lässt sich die Liste aller Permutationen bzw. Unordnungen der Menge $\{1,\ldots,n\}$ erzeugen. Die jeweilige Liste kann wiederum mittels `P.list()` ausgegeben werden.

```
P = Permutations(3)
P.list()                        [[1, 2, 3], [1, 3, 2], [2, 1, 3],
                                 [2, 3, 1], [3, 1, 2], [3, 2, 1]]
P.cardinality()                 6
```

Alternativ bestimmt `Permutations([3,4,5])` die Liste der Permutationen der Menge $\{3,4,5\}$, und `Permutations(['a','b','c'])` die Liste der Permutationen der Menge $\{a,b,c\}$. In analoger Weise lassen sich die Unordnungen erzeugen:

```
D = Derangements([1,2,3])
D.list()                        [[2, 3, 1], [3, 1, 2]]
D.cardinality()                 2
```

3.5   Erste Berührung mit Listen, Schleifen und Verzweigungen

Aufbauend auf `Python` bietet `Sage` die gängigen Kontrollstrukturen einer Programmiersprache, beispielsweise Schleifen und Verzweigungen, und aus elementaren Datentypen lassen sich strukturiertere, komplexere Datentypen erzeugen, beispielsweise Listen. Bereits mit kurzen Programmfragmenten eröffnen sich zahlreiche Möglichkeiten für mathematische Untersuchungen. In diesem Abschnitt lernen wir einige erste Kontrollstrukturen sowie den Datentyp der Liste kennen.

Listen   Unter einer *Liste* versteht man einen aus mehreren Objekten zusammengesetzten Datentyp. Listen werden in `Python` bzw. `Sage` von eckigen Klammern eingerahmt. Mittels `L=[]` oder `L=list([])` lässt sich eine leere Liste anlegen, und mittels `L=[2,9,7]` oder `L=list([2,9,7])` eine aus den drei Zahlen 2, 9 und 7 bestehende Liste. Im Gegensatz zur mathematischen Struktur einer Menge ist die Reihenfolge der Elemente in einer Liste wesentlich. Listen bieten in `Python` bzw. `Sage` einen sehr flexiblen Datentyp: die einzelnen Elemente können unterschiedlicher Natur sein, und die Länge einer Liste muss nicht von vornherein bestimmt sein. So kann etwa mit dem Befehl `L.append()` ein neues Element an das Ende einer Liste angehängt werden. Für die zuvor betrachtete Liste $L = [2,9,7]$ betrachten wir als Beispiel das Anhängen des als Zeichenkette betrachteten Buchstabens a. Die Liste kann mit L oder `print(L)` ausgegeben werden.

```
L = [2,9,7]
L.append('a')
L                                    [2,9,7,'a']
```

Von besonderer Bedeutung – gerade auch für die weiter unten behandelten Kontrollstrukturen – sind die mit dem range-Befehl erzeugbaren Listen arithmetischer Progressionen
ganzer Zahlen. Für zwei Zahlen i, j erzeugt range(i,j) die Liste der Zahlen $[i, i +$
$1, i + 2, \ldots, j - 1]$; wird kein Startwert angegeben, dann beginnt das Zählen – einer in
der Informatik oft anzutreffenden Konvention folgend – ausgehend von der Zahl 0. Als
zusätzlicher dritter Parameter kann zudem eine (positive oder negative) Schrittweite angegeben werden.

```
range(10)                  [0, 1, 2, 3, 4, 5, 6, 7, 8, 9]
range(3, 10)               [3, 4, 5, 6, 7, 8, 9]
range(3, 10, 2)            [3, 5, 7, 9]
range(3, 9, 2)             [3, 5, 7]
```

Anhand der Beispiele verdeutliche sich der Leser noch einmal, dass der angegebene Endwert des range-Befehls nicht selbst in der Liste auftritt. Der range-Befehls kann auch
genutzt werden, um eine Liste mit einer vorgegebenen Anzahl von Elementen anzulegen:

```
L = [i^3 for i in range(8)]
L                          [0, 1, 8, 27, 64, 125, 216, 343]
```

Listenelemente können auch Mengen oder Permutationen enthalten. Tatsächlich liefert das
im vorangegangenen Abschnitt eingeführte Kommandos Subsets eine Liste von Mengen,
und die Befehle Permutation und Derangements jeweils eine Liste von Permutationen.

Schleifen In vielen Situationen soll ein Befehl nicht nur einmal, sondern mehrere Ma-
le ausgeführt werden, typischerweise mit leicht veränderten Parametern. Mit dem for-
Befehl lassen sich *Schleifen* zur wiederholten Ausführung von Befehlen erzeugen. Bei
einer for-Schleife in Sage werden alle Elemente einer gegebenen Liste durchlaufen,
dabei erweist sich in vielen Situationen der weiter oben eingeführte range-Befehl zur
Erzeugung einer arithmetischen Progression von Zahlen als nützlich.

Als ein einfaches Beispiel für eine Schleife geben wir ein Programmfragment an, das
mit dem Druckbefehl print die ersten Zweierpotenzen ausgibt.

```
                                     (0, 1)
                                     (1, 2)
for i in range(5):                   (2, 4)
    print(i, 2^i)                    (3, 8)
                                     (4, 16)
```

Hierbei durchläuft die Variable i alle Elemente der durch range(5) definierten Liste
$[0, 1, 2, 3, 4]$. Für jeden dieser Werte für i wird der Befehl print(i, 2^i) ausgeführt,
der sowohl die Zahl i als auch 2^i ausgibt.

Um den Schleifenindex nur über ausgewählte Zahlen laufen zu lassen, definiert man zweckmäßigerweise die Liste explizit mit den Werten, also [1,5,9,14] für eine Liste mit den Werten $1, 5, 9, 14$. Und um eine Liste mit den Zahlen $1, \ldots, n$ anzulegen, kann alternativ zu range(1,n+1) die Liste auch mit [1..n] angelegt werden.

```
for i in [1,5,9,14]:
    print i,
print
for i in [1..5]
    print i,
```

```
1 5 9 14
1 2 3 4 5
```

Das folgende Programmstück gibt die ersten fünf Zeilen des in Abschn. 2.6 eingeführten Pascalschen Dreiecks aus:

```
for n in range(0,5):
    L = [binomial(n,j) for j in range(0,n+1)]
    print(L)
```

```
[1]
[1, 1]
[1, 2, 1]
[1, 3, 3, 1]
[1, 4, 6, 4, 1]
```

Mit der while-Schleife lassen sich Abbruchbedingungen in flexibler Weise definieren. Der Schleifenkörper wird so lange ausgeführt, bis die Bedingung nicht mehr erfüllt ist. Die Ausgabe der ersten drei Zeilen eines Pascalschen Dreiecks kann mit einer äußeren while-Schleife wie folgt formuliert werden. Hierbei wird im Schleifenkörper die Variable *n* jeweils um 1 erhöht, bis die Bedingung n < 3 verletzt ist.

```
n = 0
while n < 3:
    L = [binomial(n,j) for j in range(0,n+1)]
    print(L)
    n = n + 1
```

```
[1]
[1, 1]
[1, 2, 1]
```

Als Beispiel für eine (numerische) Grenzwertbestimmung betrachten wir die als *Euler-Mascheroni-Konstante* bekannte Zahl

$$\gamma := \lim_{k \to \infty} \left(\sum_{k=1}^{n} \frac{1}{k} - \log n \right)$$

Mit nachfolgendem einfachen Sage-Fragment erhalten wir eine numerische Näherung für γ.

```
n = 100
gam = - log(n)
for k in range(1,n+1):
    gam = gam + 1/k
print(numerical_approx(gam))
```

```
0.577715581568208
```

Tatsächlich lauten die ersten 10 Nachkommastellen der Euler-Mascheroni-Konstanten:
$\gamma = 0{,}5772156649\ldots$

Schleifen können nicht nur über natürliche Zahlen laufen, sondern beispielsweise auch über alle Teilmengen (Subsets) einer Menge. Durch explizites Durchlaufen aller Teilmengen einer gegebenen endlichen Menge können wir beispielsweise die Richtigkeit der Aussage, dass eine endliche Menge mit n Elementen genau 2^n Teilmengen besitzt, stichprobenhaft bestätigen.

```
M = Set([1,2,3,4,5])
count = 0
for s in Subsets(M):
    count = count + 1;
print 'Anzahl', count                  Anzahl 32
```

Verzweigungen Mit dem if-Befehl lassen sich Verzweigungen realisieren. Im Fall des Programmstücks

```
a = 1
if a >= 0:
  print(sin(a))                        sin(a)
else:
  print(a)
```

ist die Bedingung $a \geq 0$ erfüllt und es wird die erste Druckanweisung ausgeführt. Hätte die Variable a einen negativen Wert, würden alle nach else: aufgeführten Anweisungen ausgeführt werden.

Nach der am Beginn von Kap. 2 genannten Goldbachschen Vermutung lässt sich jede natürliche Zahl $n > 2$ als Summe zweier Primzahlen schreiben. Wir untersuchen mit Sage, welche Zahlen n (mit ≤ 30) mehr als eine solche Darstellung besitzen. Im nachfolgenden Programmstück wird durch primes(30) eine Liste der Primzahlen kleiner als 30 erzeugt.

```
L = [0 for n in range(30)]
for p in primes(30):
  for q in primes(30):                 [10, 14, 16, 18, 20,
    if (p <= q and p + q < 30):         22, 24, 26, 28]
      L[p+q] = L[p+q] + 1
[n for n in range(30) if (L[n] >= 2)]
```

Insbesondere ist also 10 die kleinste Zahl, die zwei Darstellungen als Summe zweier Primzahlen besitzt, nämlich $10 = 3 + 7 = 5 + 5$.

3.6 Übungsaufgaben zum ersten Einstieg in `Sage`

1. Wie viele Nullstellen hat die Funktion $\sin(x^2)$ im Intervall $[1,5]$?
2. Gilt $e^6 > 400$?
3. Ist die Zahl 1181 in der Menge `Primes()` aller Primzahlen enthalten?
4. Bestimmen Sie das kleinste $n \in \mathbb{N}$, so dass es mehr als 1000 Unordnungen auf der Menge $\{1,\dots,n\}$ gibt.
5. Welchen Wert hat der Ausdruck $\left(2\cos\frac{\pi}{5}\right)^2 - 2\cos\frac{\pi}{5} - 1$?
6. Lassen Sie für gegebenes $n \in \mathbb{N}$ die Werte $\sin(\frac{\pi}{10}k)$ für $k = 1,\dots,n$ in einer Tabelle ausgeben.

3.7 Anmerkungen

Für die Nutzung von `Sage` empfehlen wir als begleitende Lektüre das online zur Verfügung stehende Sage Tutorial [Ste15] sowie das ausführliche `Sage`-Buch von Bard [Bar15].

Wie bereits erwähnt sollte für den in der vorliegenden Darstellung gewählten Zugang zur computerorientierten Mathematik `Sage` als eines von mehreren möglichen Universal-Paketen angesehen werden. Ein erster Zugang zur computerorientierten Mathematik mittels `Maple` findet sich beispielsweise in dem Buch von Borwein und Skerritt [BS11]. Ein anderer (auf jeweils ersten Vorlesungen in Analysis und linearer Algebra aufbauender) Zugang mittels `Maple` bietet das Buch von Bahns und Schweigert [BS08].

Literatur

[Bar15] BARD, G.V.: `Sage` for Undergraduates. Providence, RI : American Mathematical Society, 2015

[BS08] BAHNS, D. ; SCHWEIGERT, C.: *Softwarepraktikum – Analysis und Lineare Algebra*. Vieweg, Wiesbaden, 2008

[BS11] BORWEIN, J.M. ; SKERRITT, M.P.: *An Introduction to Modern Mathematical Computing. With Maple*. Springer, New York, 2011

[Ste15] STEIN, W.A. ET AL. THE SAGEMATH DEVELOPMENT TEAM: SageMath Mathematics Software (Version 6.8). 2015

Graphen

4

Graphen bilden ein grundlegendes Modell der diskreten Mathematik, und sie sind mit vielen computerorientierten Aspekten verknüpft. Von besonderem Interesse für die computerorientierte Mathematik ist darüber hinaus die historische Tatsache, dass das in die Graphentheorie fallende Vier-Farben-Problem das erste Beispiel einer vielbeachteten und weitreichenden mathematischen Aussage ist, die im Jahr 1976 mittels intensiven Computereinsatzes bewiesen wurde. Dieser Beweis prägte die Frage nach der Berechtigung computergestützter Beweise maßgeblich. Trotz intensiver Forschungsaktivitäten ist bis heute kein „klassischer" Beweis bekannt, der nur die Hilfsmittel Bleistift und Papier verwendet und ohne umfangreiche computerbasierte Berechnungen auskommt.

Historisch war die Entstehung und Entwicklung der Graphentheorie maßgeblich durch das Bemühen geprägt, eine Lösung des Vier-Farben-Problems zu finden. In diesem Abschnitt führen wir in die Graphentheorie ein und geben einen kleinen Einblick in das Vier-Farben-Problem.

4.1 Definitionen und Eigenschaften

Ein *Graph* ist ein Paar $G = (V, E)$, wobei V eine endliche Menge ist und E eine Menge zweielementiger Teilmengen von V. Die Elemente von V heißen *Knoten* von G und die Elemente von E *Kanten*.

Die Kantenmenge können wir als eine symmetrische Relation auf V auffassen, und Graphen der obigen Definition werden auch *ungerichtet* genannt. Die Namen Knoten (engl. vertices) und Kanten (engl. edges) deuten auf die bildliche Darstellung hin, mit der wir uns einen Graph vorstellen.

© Springer Fachmedien Wiesbaden 2016
T. Theobald, S. Iliman, *Einführung in die computerorientierte Mathematik mit Sage*,
Springer Studium Mathematik – Bachelor, DOI 10.1007/978-3-658-10453-5_4

Abb. 4.1 Der vollständige
Graph K_6 auf sechs Kno-
ten (**a**), und ein Kreis C_6 auf
sechs Knoten (**b**)

a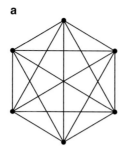

b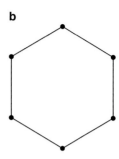

Beispiel 4.1 (siehe Abb. 4.1)

(i) Für $n \in \mathbb{N}$ bezeichnet K_n den *vollständigen Graphen* auf n Knoten, d. h. $E = \{(u, v) : u, v \in V \text{ mit } u \neq v\}$.

(ii) Für $n \in \mathbb{N}$ ist ein *Kreis* $C_n = (E_n, V_n)$ gegeben durch eine Menge $V_n = \{v_1, \ldots, v_n\}$ von verschiedenen Knoten $v_1, \ldots, v_n$ mit $\{v_i, v_{i+1}\} \in E_n$ sowie $\{v_n, v_1\} \in E_n$.

Ein Paar $G = (V, E)$ heißt *gerichteter* Graph, wenn V endlich ist und E eine Teilmenge des kartesischen Produkts $V \times V$. In der Visualisierung gerichteter Graphen werden Kanten durch Pfeile gekennzeichnet, besitzen also eine Orientierung. In der vorliegenden Darstellung werden wir meistens mit ungerichteten Graphen arbeiten.

In Sage existieren viele Funktionen zur Behandlung von Graphen, wir stellen hier einige davon vor.

`G = Graph()`	Erzeugen eines leeren ungerichteten Graphen G
`G.add_vertices(i)`	Hinzufügen eines Knotens mit Bezeichnung i
`G.add_vertices([i,j,k])`	Hinzufügen mehrerer Knoten
`G.add_edge(i,j)`	Hinzufügen einer Kante $\{i, j\}$
`G.plot()`	Ausgabe des Graphen G

Beispiel 4.2 Die ungerichtete Version des gerichteten Graphen in Beispiel 2.13 kann wie folgt in Sage erzeugt werden (siehe Abb. 4.2).

```
G = Graph()
G.add_vertices(range(1,11))
G.add_edge(1,2)
for i in range(1,11):
    for j in range(1,11):
        if ((i <> j) and (mod(j,i) == 0)):
            G.add_edge(i,j)
G.plot(layout = 'circular')
```

Hierbei bewirkt der Parameter `layout = 'circular'` die kreisförmige Anordnung der Knoten bei der Ausgabe.

Abb. 4.2 Ungerichtete Version des Relationsgraphen

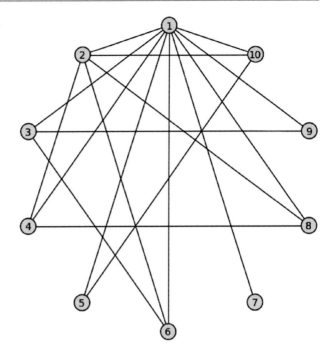

Bei der gerichteten Version ist anstatt `Graph` ein `DiGraph` anzulegen (für „Directed Graph"). Die Visualisierung des gerichteten Graphen in Beispiel 2.13 wurde mit dem folgenden Programmstück erzeugt.

```
G = DiGraph()
G.add_vertices(range(1,11))
G.add_edge(1,2)
for i in range(1,11):
    for j in range(1,11):
        if ((i <> j) and (mod(j,i) == 0)):
            G.add_edge(i,j)
G.plot(layout = 'circular')
```

Wie für viele Strukturen existiert ein natürlicher Isomorphiebegriff, den wir implizit in der Wahl der Bezeichnungen in Beispiel 4.1 bereits verwendet haben.

▶ **Definition 4.3** Zwei Graphen $G_1 = (V_1, E_1)$ und $G_2 = (V_2, E_2)$ heißen *isomorph*, wenn es eine bijektive Abbildung $\varphi : V_1 \to V_2$ gibt, so dass für alle $u, v \in V_1$ gilt:

$$\{u, v\} \in E_1 \iff \{\varphi(u), \varphi(v)\} \in E_2 .$$

Beispielsweise sind also je zwei vollständige Graphen auf n Knoten isomorph, so dass hierdurch die Bezeichnung „*den vollständigen Graphen auf n Knoten*" in Beispiel 4.1 gerechtfertigt wird.

Wir stellen einige Grundbegriffe zusammen. Ist $\{u, v\} \in E$, so nennen wir u und v *benachbart* oder *adjazent*. Falls $v \in V$ und $e \in E$ mit $v \in e$ gilt, sagen wir, dass v und e *inzident* sind. Die Anzahl der Nachbarn eines Knotens v heißt *Grad von v* und wird mit $\deg(v)$ abgekürzt.

Eine grundlegende Grapheneigenschaft lautet:

Theorem 4.4 *Jeder Graph hat eine gerade Anzahl von Knoten ungeraden Grades.*

Beweis Seien V_g und V_u die Knoten geraden bzw. ungeraden Gerades. Dann gilt

$$2|E| = \sum_{v \in V} \deg(v) = \sum_{v \in V_g} \deg(v) + \sum_{v \in V_u} \deg(v).$$

Da die linke Seite und der erste Summand rechts gerade Zahlen sind, ist auch der zweite Summand gerade. Also muss die Anzahl $|V_u|$ der Summanden gerade sein.   □

Im Folgenden soll die Struktur zweier grundlegender Graphenklassen untersucht werden: bipartite Graphen und Bäume. Hierzu benötigen wir zunächst einige weitere Begriffe. Ein *Weg (Pfad)* in einem Graphen besteht aus einer Folge $v_1, \dots, v_k$ von verschiedenen Knoten mit $\{v_i, v_{i+1}\} \in E$ für alle $i \in \{1, \dots, k-1\}$. Die *Länge* eines Weges ist die Anzahl $k-1$ der Kanten $\{v_i, v_{i+1}\}$. Ein Graph G heißt *zusammenhängend*, falls jeder Knoten in G von jedem anderen durch einen Weg erreicht werden kann. Die Existenz eines Weges zwischen zwei Knoten definiert offenbar eine Äquivalenzrelation auf der Knotenmenge. Eine Äquivalenzklasse $U \subseteq V$ bzw. den dadurch definierten Teilgraphen nennt man dann eine *Komponente* oder *Zusammenhangskomponente* des Graphen G. Falls ein Graph G nicht zusammenhängend ist, so zerfällt er also in seine Zusammenhangskomponenten.

Beispiel 4.5 Wir untersuchen den Zusammenhang eines Graphen mit den beiden `Sage`-Funktionen `G.is_connected()` und `G.connected_components()`. Der Graph auf den Knoten $\{1, \dots, 12\}$ mit $E = \{\{v_i, v_{i+2}\} : 1 \le i \le 10\}$ besitzt zwei Zusammenhangskomponenten.

```
G = Graph()
G.add_vertices(range(1,13))
for i in range(1,11):
    G.add_edge(i,i+2)
G.is_connected()            false
G.connected_components()    [[1, 3, 5, 7, 9, 11], [2, 4, 6, 8, 10, 12]]
```

Ein *Kreis* ist eine Folge von verschiedenen Knoten $v_1, \dots, v_k$ mit $\{v_i, v_{i+1}\} \in E$, $1 \le i \le k$, wobei $v_{k+1} = v_1$ ist. Die Länge des Kreises ist die Anzahl k der Kanten. (Mit anderen Worten: Der durch $V' = \{v_1, \ldots, v_k\}$ und $E' = \bigcup_{i=1}^{k-1}\{\{v_i, v_{i+1}\}\} \cup \{\{v_k, v_1\}\}$ definierte Untergraph ist ein Kreis im Sinne von Beispiel 4.1).

▶ **Definition 4.6** Ein Graph $G = (V, E)$ heißt *bipartit*, wenn die Knotenmenge V in zwei disjunkte Teilmengen S und T zerlegt werden kann, so dass alle Kanten von G von der Form $\{s, t\}$ mit $s \in S$, $t \in T$ sind.

Theorem 4.7 *Ein Graph G mit $n \geq 2$ Knoten ist genau dann bipartit, wenn alle Kreise gerade Länge haben. Insbesondere ist G also bipartit, wenn überhaupt keine Kreise existieren.*

Beweis Durch Betrachtung der einzelnen Komponenten können wir o. B. d. A. annehmen, dass G zusammenhängend ist.

„$\Longrightarrow$": Sei G bipartit mit den Knotenmengen S und T. Die Knoten eines Kreises sind abwechselnd in S und T enthalten, so dass der Kreis gerade Länge hat.

„$\Longleftarrow$": Wähle einen beliebigen Knoten $u \in V$ und setze $u \in S$. Die Mengen S und T definieren wir nun weiter mittels

$$v \in \begin{cases} S & \text{falls } d(u, v) \text{ gerade,} \\ T & \text{falls } d(u, v) \text{ ungerade,} \end{cases}$$

wobei $d(u, v)$ die Länge eines kürzesten Weges von u nach v bezeichne.

Es verbleibt zu zeigen, dass keine zwei Knoten aus S benachbart sind. Analog gilt das dann auch für T.

Annahme: Es existieren $v, w \in S$ mit $\{v, w\} \in E$.

Dann folgt, dass $|d(u, v) - d(u, w)| \leq 1$ und daher $d(u, v) = d(u, w)$, da beide Zahlen gerade sind. Sei P ein u-v-Weg der Länge $d(u, v)$ und P' ein u-w-Weg der Länge $d(u, w)$. Bezeichnet x den letzten gemeinsamen Knoten von P und P', dann definiert der Weg $P(x, v), vw, P'(w, x)$ einen Kreis ungerader Länge. Dies ist ein Widerspruch. Beachte, dass in der Definition von x erlaubt ist, dass die Wege $P(u, x)$ und $P'(u, x)$ verschieden sind; in diesem Fall haben sie jedoch zwingend die gleiche Länge. $\square$

Wir charakterisieren nun die Klasse der Bäume.

▶ **Definition 4.8** Ein Graph heißt ein *Baum*, falls er zusammenhängend ist und keine Kreise enthält.

Theorem 4.9 *Die folgenden Bedingungen sind äquivalent:*

1. *$G = (V, E)$ ist ein Baum.*
2. *Je zwei Knoten in G sind durch genau einen Weg verbunden.*
3. *G ist zusammenhängend, und es gilt $|E| = |V| - 1$.*

Beweis „(1) $\Longrightarrow$ (2)": Falls zwei Knoten u und v existierten, die durch zwei Wege verbunden sind, so wäre in der Vereinigung dieser Wege ein Kreis enthalten.

„(2) $\Longrightarrow$ (1)": Ist C ein Kreis, so sind je zwei Knoten aus C durch zwei verschiedene Wege verbunden.

„(1) $\Longrightarrow$ (3)": Ohne Einschränkung sei $n \geq 2$. Wir zeigen zunächst, dass ein Baum mindestens einen Knoten vom Grad 1 besitzt. Sei nämlich $P = v_0 v_1 \ldots v_k$ ein längster Pfad in G, so sind alle Nachbarn von v_0 in P enthalten. Da G keine Kreise hat, folgt $\deg(v_0) = 1$. Wir entfernen v_0 und die inzidente Kante $\{v_0, v_1\}$ und erhalten einen Baum $G_1 = (V_1, E_1)$ auf $n-1$ Knoten mit $|V_1| - |E_1| = |V| - |E|$ Kanten. Induktiv erhalten wir nach $n-2$ Schritten einen Baum G_{n-2} auf 2 Knoten, d. h., $G_{n-2} = K_2$, und es gilt $|V| - |E| = |V_{n-2}| - |E_{n-2}| = 1$.

„(3) $\Longrightarrow$ (1)": Sei T ein aufspannender Baum von G, das heißt, ein Baum auf der Knotenmenge V, dessen Kantenmenge eine Teilmenge von E ist. Nach dem zuvor bewiesenen Beweisschritt gilt $|V(T)| - |E(T)| = 1$, so dass

$$1 = |V(G)| - |E(G)| \leq |V(T)| - |E(T)| = 1.$$

Es folgt $E(G) = E(T)$, so dass $G = T$.   □

Bemerkung 4.10 Eigenschaft (3) ist für einen gegebenen Graphen sehr einfach zu überprüfen.

Eine Teilmenge $W \subseteq V$ eines Graphen $G = (V, E)$ heißt *unabhängig*, wenn keine zwei Knoten in G durch eine Kante verbunden sind. In Sage bestimmt `G = G.independent_set()` eine unabhängige Teilmenge maximaler Kardinalität.

Beispiel 4.11 Bestimmen Sie eine maximale Teilmenge $T \subseteq \{0, \ldots, 99\}$, so dass für jedes Paar $\{a, b\}$ zweier verschiedener Zahlen in T die Differenz $a - b$ kein Quadrat ist.

Mit Sage kann diese Aufgabe wie folgt gelöst werden. Wir definieren einen Graphen mit 100 Knoten und verbinden je zwei Knoten i und j genau dann durch eine Kante, wenn der Betrag ihrer Differenz ein Quadrat ist. Die Bestimmung einer maximalen Teilmenge T entspricht dann der Bestimmung einer unabhängigen Menge maximaler Kardinalität.

```
n = 100
G = Graph(n)
squares = [i*i for i in range(sqrt(n))]     [3, 5, 8, 10, 15, 20, 22, 25,
for i in range(n):                           27, 32, 37, 42, 49, 55, 60,
    for j in range(n):                       70, 75, 77, 82, 87, 92, 94,
        if (i != j) and abs(i-j) in squares: 97, 99]
            G.add_edge(i,j)
G.independent_set()
```

4.2 Planare Graphen

Eine besonders wichtige und interessante Klasse bilden die Graphen, die sich in der Ebene ohne Überschneidungen zeichnen lassen. Dabei wird man jede Kante formal als eine Jordankurve darstellen: Eine Jordankurve des $\mathbb{R}^n$ ist eine Menge der Form

$$\{f(t) : t \in [0,1]\},$$

wobei $f : [0,1] \to \mathbb{R}^n$ eine injektive stetige Abbildung ist. Anschaulich gesprochen sind Jordankurven also schnittpunktfreie Kurven mit Anfangs- und Endpunkt.

▶ **Definition 4.12** Ein Graph $G = (V, E)$ heißt *planar*, wenn er in den $\mathbb{R}^2$ so eingebettet werden kann, dass sich die Jordankurven je zweier Kanten nicht im Innern schneiden.

Jede planare Einbettung eines Graphen unterteilt die Ebene in zusammenhängende Gebiete, die man *Flächen* bzw. *Seiten* nennt. Zur formalen Begründung dieses anschaulich einsichtigen Sachverhalts benötigt man den sogenannten Jordanschen Kurvensatz, auf den wir hier nicht näher eingehen. Ein planarer Graph kann sehr verschiedene planare Einbettungen haben.

Beispiel 4.13 In Abb. 4.3 sind zwei planare Einbettungen des gleichen Graphen zu sehen.

Die folgende berühmte Formel zeigt, dass die Anzahl f der Flächen (einschließlich der äußeren Fläche) dabei immer gleich ist, also eine *Invariante* des Graphen.

Theorem 4.14 (Euler-Formel für planare Graphen) *Sei f die Anzahl der Flächen eines zusammenhängenden, eingebetteten planaren Graphen mit n Knoten und m Kanten. Dann gilt*

$$n - m + f = 2.$$

Beweis Wir beweisen die Aussage durch Induktion nach der Anzahl m der Kanten. Für $m = 0$ gilt $n = f = 1$, so dass die zu zeigende Aussage offensichtlich ist.

Wir nehmen nun an, dass die Euler-Formel für planare Graphen mit $m-1$ Kanten bereits bewiesen ist. Sei G ein zusammenhängender, eingebetteter planarer Graph mit m Kanten.

Abb. 4.3 Zwei Einbettungen des gleichen Graphen

Fall 1: G ist ein Baum. Dann gilt $m = n - 1$ und $f = 1$, woraus die Behauptung folgt.

Fall 2: G ist kein Baum. Durch Weglassen einer Kante e von G, die in einem Kreis von G enthalten ist, erhält man einen Teilgraphen G'. Nach Induktionsannahme erfüllt G' die Euler-Formel. Jede planare Einbettung von G entsteht durch das Hinzufügen der Kante e zu einer planaren Einbettung von G'. Hierdurch wird eine Fläche der Einbettung in zwei Teile geteilt; beachte, dass zur formalen Begründung dieses anschaulich einsichtigen Sachverhalts wieder der Jordanschen Kurvensatz benötigt wird. Nach Induktionsannahme gilt in G'

$$n - (m - 1) + (f - 1) = 2,$$

so dass folglich $n - m + f = 2$ gilt.   □

Korollar 4.15 *Sei* $G = (V, E)$ *ein zusammenhängender planarer Graph mit* $m \geq 3$ *Kanten. Bezeichnet* f *die Anzahl der Flächen (einschließlich der äußeren), dann gilt* $2m \geq 3f$. *Besitzt G keine Dreiecke, dann gilt sogar* $2m \geq 4f$.

Beweis Jede Fläche besitzt mindestens drei begrenzende Kanten. Bezeichnet f_i die Anzahl der Flächen mit i begrenzenden Kanten, dann gilt $f = \sum_{i \geq 3} f_i$. Für die Anzahl m der Kanten gilt $2m \geq \sum_{i \geq 3} i f_i$, da das Innere jeder Kante an höchstens zwei Flächen anstößt. Aus diesen beiden Gleichungen folgt $2m - 3f \geq 0$.   □

Noch haben wir kein handliches Kriterium kennengelernt, um die Planarität eines Graphen zu entscheiden. Als weiterer Schritt zu solch einer Charakterisierung planarer Graphen zeigen wir die folgende Hilfsaussage:

Lemma 4.16 *Sei* $G = (V, E)$ *ein planarer Graph. Dann besitzt G einen Knoten vom Grad höchstens 5.*

Beweis Ohne Einschränkung können wir voraussetzen, dass G zusammenhängend ist und mindestens drei Kanten hat. Wir nehmen an, dass jeder Knoten einen Grad von mindestens 6 habe. Bezeichnet n_i die Anzahl der Knoten vom Grad i, dann gilt natürlich $n = \sum_{i \geq 6} n_i$ sowie $2m = \sum_{i \geq 6} i\, n_i$, da jede Kante zwei Endknoten hat. Es ergibt sich $2m - 6n \geq 0$.

Aus dieser Ungleichung sowie Korollar 4.15 folgt

$$6(m - n - f) = (2m - 6n) + 2(2m - 3f) \geq 0$$

und folglich $m \geq n + f$. Dies ist jedoch ein Widerspruch zur Euler-Formel.   □

Beispiel 4.17 Wir betrachten den *n-Hyperwürfel-Graph* $G_n = (\{0, 1\}^n, E)$ auf der Knotenmenge $\{0, 1\}^n$, bei dem zwei Knoten genau dann benachbart sind, wenn sie sich in genau einer Koordinate unterscheiden. Es ist leicht zu sehen, dass G_n für $n \leq 3$ planar

Abb. 4.4 Ein Graph G (**a**) und eine Unterteilung H von G (**b**)

a

b

ist, und für $n \geq 6$ folgt aus der voranstehenden Aussage die Nicht-Planarität. Für $n = 4$ und $n = 5$ können wir uns durch Sage unterstützen lassen. Der n-Hyperwürfel-Graph ist Sage bereits bekannt, und es steht eine Funktion zum Test eines Graphen auf Planarität zur Verfügung.

```
graphs.CubeGraph(4).is_planar()     False
graphs.CubeGraph(5).is_planar()     False
```

Sei K_n wieder der vollständige Graph auf n Knoten. Ferner sei $K_{m,n}$ der *vollständige bipartite* Graph mit m und n Knoten, d. h., der bipartite Graph auf $m + n$ Knoten, bei dem jeder Knoten der m-elementigen Menge mit jedem Knoten der n-elementigen Menge verbunden ist.

Korollar 4.18 *Die Graphen K_5 und $K_{3,3}$ sind nicht planar.*

Beweis Nach Korollar 4.15 gilt für jeden zusammenhängenden planaren Graphen mit $m \geq 3$ Kanten, dass $2m \geq 3f$. Einsetzen in die Euler-Formel liefert $3n - m \geq 6$. Der K_5 besitzt 5 Knoten und 10 Kanten, so dass er folglich nicht planar sein kann.

Der bipartite Graph $K_{3,3}$ besitzt nach Satz 4.7 keine Dreiecke. Wäre er planar, so würde der nach Korollar 4.15 die Ungleichung $2m \geq 4f$ erfüllen. Durch Einsetzen in die Euler-Formel ergibt sich $2n - m \geq 4$. Da der $K_{3,3}$ jedoch 6 Knoten und 9 Kanten besitzt, ergibt sich ein Widerspruch.   □

Die Bedeutung dieser beiden Graphen liegt darin, dass *jeder* nichtplanare Graph eine „Unterteilung" eines dieser beiden Graphen als Teilgraphen enthält:

▶ **Definition 4.19** Sei $G = (V, E)$ ein Graph. Unter einer *Unterteilung* einer Kante in G versteht man das Ersetzen von e durch einen Pfad (siehe Abb. 4.4). Ein Graph H heißt eine *Unterteilung* eines Graphen G, wenn er aus G durch endlich viele Kantenunterteilungen gewonnen werden kann.

Theorem 4.20 (Kuratowski, 1930) *Ein endlicher Graph ist genau dann planar, wenn er keine Unterteilung des K_5 oder des $K_{3,3}$ als Teilgraph enthält.*

Die eine Richtung des Beweises ist aus Korollar 4.18 bereits bekannt. Der Beweis der Umkehrung ist sehr aufwendig, und wir führen ihn hier nicht. Auf der Grundlage des Satzes von Kuratowski existieren effiziente Algorithmen zum Testen der Planarität eines Graphen.

Abb. 4.5 Petersen-Graph

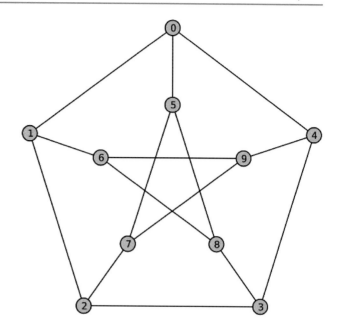

Beispiel 4.21 Der in Abb. 4.5 dargestellte *Petersen-Graph* ist nicht planar, da er eine Unterteilung des $K_{3,3}$ als Teilgraphen enthält. Betrachte hierzu etwas die beiden Teilmengen $\{1, 3, 9\}$ sowie $\{2, 4, 6\}$.

Viele Beispielklassen von Graphen sind in Sage verfügbar, und der Graph in Abb. 4.5 wurde wie folgt erzeugt:

```
G = graphs.PetersenGraph()
G.plot()
```

Wir betrachten nun die *platonischen Körper*, also die fünf affin-linear begrenzten und vollkommen regelmäßigen Körper im $\mathbb{R}^3$

Tetraeder, Würfel, Oktaeder, Dodekaeder, Ikosaeder.

Die Anzahlen der den dreidimensionalen Körpern zugeordneten Ecken, Kanten und Flächen lauten wie folgt:

	#Ecken	#Kanten	#Flächen
Tetraeder	4	6	4
Würfel	8	12	6
Oktaeder	6	12	8
Dodekaeder	20	30	12
Ikosaeder	12	30	20

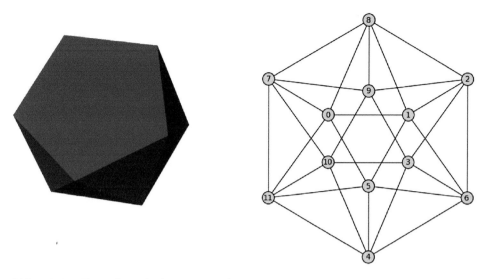

Abb. 4.6 Das Ikosaeder und sein Kantengraph. Der Kantengraph hat 12 Knoten

Bezeichnet n die Anzahl der Ecken, m die Anzahl der Kanten und f die Anzahl der Flächen, dann gilt ebenso wie in der graphentheoretischen Euler-Formel in Satz 4.14 für jeden platonischen Körper die Beziehung $n - m + f = 2$. Das ist kein Zufall. Für jeden der dreidimensionalen Körper wird durch die Ecken und Kanten des Körpers ein Graph induziert, der *Kantengraph* des Körpers. Jeder dieser Kantengraphen ist planar, denn wir können ihn durch eine der Seitenflächen hindurch betrachten, wobei die gewählte Seitenfläche des Körpers dann zur äußeren Seitenfläche des Graphen wird.

Beispiel 4.22 In Sage kann ein reguläres Ikosaeder wie folgt gezeichnet werden. Die Ausgabe ist in Abb. 4.6 dargestellt.

```
icosahedron(color='red', frame=False)
```

Das nachstehende Sage-Programmfragment teilt uns mit, dass der in Abb. 4.6 dargestellte Kantengraph des Ikosaeders ein planarer Graph ist.

```
G = graphs.IcosahedralGraph()
G.is_planar()                        True
G.plot()
```

Anmerkung 4.23 Planare Graphen sind also solche, die man auf der zweidimensionalen Sphäre $\{x \in \mathbb{R}^3 : \sum_{i=1}^{3} x_i^2 = 1\}$ im $\mathbb{R}^3$ einbetten kann, und für sie gilt die Euler-Formel. Die Euler-Formel und ihre Verallgemeinerungen spielen in der Topologie eine fundamentale Rolle, und die Untersuchung dieser Konzepte im Rahmen der Graphentheorie bezeichnet man als topologische Graphentheorie.

4.3   Färbbarkeit und der Vier-Farben Satz

Bereits im 19. Jahrhundert wurde die Frage untersucht, wie viele Farben man zur Färbung einer Landkarte benötigt, wenn Länder mit gemeinsamer Grenze verschiedene Farben bekommen sollen. Wir gehen hierbei davon aus, dass jedes Land zusammenhängend ist, und betrachten Länder nur dann als benachbart, wenn ihre gemeinsame Grenze positive Länge hat.

A priori ist nicht ganz offensichtlich, ob es eine Konstante K gibt, so dass auch beliebig große Landkarten mit höchstens K Farben gefärbt werden können. Die Existenz einer solchen Konstanten K lässt sich tatsächlich auf recht einfache Weise zeigen (und geht insbesondere aus dem in diesem Abschnitt gezeigten Theorem 4.28 hervor). Es ist evident, dass drei Farben im Allgemeinen nicht genügen (siehe Abb. 4.7), und es war jedoch lange Zeit ein offenes Problem, ob man sogar immer mit vier Farben auskommt. In der historischen Entwicklung stellte Francis Guthrie 1852 die Vermutung auf, dass jede Landkarte stets mit höchstens vier Farben gefärbt werden kann, so dass benachbarte Länder unterschiedlich gefärbt sind. Die erste bekannte schriftliche Referenz des Problems findet sich in einem Brief von Augustine DeMorgan, dem akademischen Lehrer Guthries, an Sir William Rowan Hamilton.

Das Vier-Farben-Problem hat eine reichhaltige Geschichte und prägte in besonderer Weise die Entwicklung der computerorientierten Mathematik. Über viele Jahre hinweg hatten sich hochkarätige Mathematiker bemüht, die Vier-Farben-Vermutung zu zeigen oder zu widerlegen. Für einen im Jahr 1879 von Alfred Kempe vorgelegten Beweis fand Percy Heawood im Jahr 1890 einen schwerwiegenden Fehler.

Nachdem mehr als ein Jahrhundert lang weitere Forscher an dem Problem arbeiteten, kündigten die Mathematiker Kenneth Appel und Wolfgang Haken im Jahr 1976 an, einen – computergestützten – Beweis gefunden zu haben. In dem Beweis führen sie das Problem mittels aufwendiger theoretischer Untersuchungen auf mehrere Tausend Spezialfälle zurück, die mit großem Rechenaufwand einzeln mit dem Computer überprüft wurden. Es war das historisch erste Beispiel eines Beweises, bei dem eine vielbeachtete Vermutung mit großem Einsatz des Computers bewiesen wurde. Entsprechend groß war die Skepsis der Fachwelt hierzu.

Abb. 4.7 In der dargestellte Landkarte mit vier Gebieten ist jede Region mit jeder benachbart, so dass zum Färben vier Farben benötigt werden

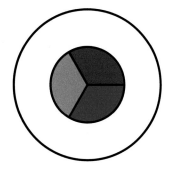

Der Beweis von Appel und Haken wird als gültiger Beweis des Vier-Farben-Satzes betrachtet. Tatsächlich legten sich in der geschichtlichen Entwicklung die Bedenken in der Fachwelt erst, als im Jahr 1996 Robertson, Sanders, Seymour, Thomas einen vereinfachten Beweis fanden, der jedoch immer noch auf Computerprüfungen zahlreicher Fälle beruhte.

Theorem 4.24 (Vier-Farben-Satz. Appel, Haken 1976) *Jede Landkarte kann so mit vier Farben gefärbt werden, dass benachbarte Länder immer verschiedene Farben haben.*

Da jede Landkarte als Einbettung eines planaren Graphen aufgefasst werden kann, hat das Vier-Farben-Problem als ein fundamentales Problem sehr stark zur Entwicklung der Graphentheorie beigetragen. Wir wollen hier die Graphenmodellierung untersuchen und eine abgeschwächte Version des Satzes zeigen.

Um das Landkartenproblem in ein Graphenproblem zu überführen, werden die Länder als Knoten eines Graphen betrachtet (man wähle also etwa die Hauptstadt des Landes als Vertreter). Haben zwei Länder eine gemeinsame Grenze, dann werden die zugeordneten Knoten durch eine Kante verbunden. Der so konstruierte Graph ist planar, was man sich dadurch überlegen kann, dass man als Kanten zwischen zwei Hauptstädten eine Bahnlinie zwischen ihnen wählt, die nur einmal die Grenze überschreitet. Man spricht auch von dem *dualen Graphen* der ursprünglichen Karte. Wir merken an, dass die gemeinsame Grenze zwischen zwei Ländern nicht unbedingt zusammenhängend sein muss. In diesem Fall reicht es zur Untersuchung von Färbungen aus, die Hauptstädte der Länder durch eine einzige Kante zu verbinden.

▶ **Definition 4.25** Ein Graph G heißt *k-färbbar*, wenn jedem Knoten des Graphen eine von k Farben zugeordnet werden kann, so dass benachbarte Knoten verschieden gefärbt sind. Die *chromatische Zahl* $\chi(G)$ von G ist definiert als die kleinste natürliche Zahl k, für die G eine k-Färbung besitzt.

Beispiel 4.26 Für den vollständigen Graphen K_n auf n Knoten gilt $\chi(K_n) = n$. Für einen Kreis C_{2n} gerader Länge gilt $\chi(C_{2n}) = 2$. Für einen Kreis C_{2n+1} ungerader Länge gilt $\chi(C_{2n+1}) = 3$. Der Beweis erfolgt durch Induktion nach der Anzahl der Knoten.

Mit dieser Notation lässt sich der Vier-Farben-Satz wie folgt formulieren:

Theorem 4.27 *Jeder planare Graph G ist 4-färbbar, d. h., $\chi(G) \leq 4$.*

Wir zeigen hier eine schwächere Version:

Theorem 4.28 *Jeder planare Graph ist 6-färbbar.*

Beweis Nach Lemma 4.16 besitzt jeder planare Graph G einen Knoten v vom Grad höchstens 5. Wir entfernen v und alle zu v inzidenten Kanten. Der resultierende Graph

$G' = G \setminus \{v\}$ ist ein planarer Graph auf $n-1$ Knoten. Nach Induktionsannahme besitzt er daher eine 6-Färbung. Da v höchstens fünf Nachbarn in G besitzt, werden in dieser Färbung für die Nachbarn höchstens 5 Farben benutzt. Wir können daher jede 6-Färbung von G' zu einer 6-Färbung von G erweitern, indem wir v eine Farbe zuweisen, die keinem Nachbarn in der Färbung von G' zugewiesen wurde. Folglich besitzt G eine 6-Färbung.

$\square$

Beispiel 4.29 In dem nachfolgenden Sage-Programmstück werden 100 zufällige Graphen auf 20 Knoten erzeugt, wobei jede der möglichen Kanten mit Wahrscheinlichkeit 0.2 erzeugt wird (Sage-Befehl `graphs.RandomGNP`). Falls G planar ist, werden mittels `G.chromatic_number()` und `G.coloring()` die chromatische Zahl und eine zugehörige Färbung bestimmt. Die rechte Seite zeigt zwei mögliche Ausgaben, abhängig vom Zufall. Was erhalten Sie?

```
for i in range(100):
    G = graphs.RandomGNP(20,0.2)
    if (G.is_planar()):
        print(G.chromatic_number())
        print(G.coloring())
```

```
4
[[6, 18], [8], [0, 15, 5, 14, 16,
4, 12, 19, 7, 11], [3, 1, 2, 13,
9, 10, 17]]

3
[[2, 4, 8, 17, 7, 11, 16], [0, 9,
3, 10, 1, 12, 6, 13, 18, 19], [5,
14, 15]]
```

4.4 Übungsaufgaben

1. Zeigen Sie, dass die folgenden Aussagen äquivalent sind:
   a. $G = (V, E)$ ist ein Baum.
   b. G ist maximal kreisfrei, d. h. G ist kreisfrei und für jede Kante $e \in \{(v_1, v_2), v_1, v_2 \in V\} \setminus E$ hat der Graph $(V, E \cup \{e\})$ einen Kreis.
   c. G ist minimal zusammenhängend, d. h. G ist zusammenhängend und für jede Kante $e \in E$ ist $(V, E \setminus \{e\})$ nicht zusammenhängend.
2. Ein Tupel $(d_1, \dots, d_n)$ von natürlichen Zahlen heißt Gradfolge eines Graphen $G = (\{v_1, \dots, v_n\}, E)$, wenn $d_1 = \deg(v_1), \dots, d_n = \deg(v_n)$ ist.
   a. Zeigen Sie, dass ein zusammenhängender Graph genau dann ein Baum ist, wenn $\sum_{i=1}^{n} d_i = 2n - 2$ ist.
   b. Zeigen Sie, dass auf einer Party mit n Personen mindestens zwei Personen dieselbe Anzahl an Leuten kennt, sofern die Relation des Kennens symmetrisch ist.
3. Zwischen n Städten bestehen $\frac{1}{2}n^2 - \frac{3}{2}n + 2$ direkte Flugverbindungen, die jeweils in beide Richtungen benutzbar sind. Keine zwei von ihnen verbinden dieselben beiden Städte. Zeigen Sie, dass man von jeder Stadt in jede andere fliegen kann, ohne dabei mehr als einmal umzusteigen.

4. Es sei $G = (V, E)$ ein Graph mit $|V| = n$ so, dass jeder Knoten $v \in V$ einen Grad deg$(v) \geq \frac{n-1}{2}$ hat. Zeigen Sie, dass G zusammenhängend ist.

5. Sei $V = \{1, 2, 3, 4, 5, 6\}$. Definieren Sie sich vier verschiedene Graphen mit sechs Kanten. Zeichnen Sie diese vier Graphen und bestimmen Sie, welche dieser Graphen isomorph sind. Geben Sie dabei auch explizit die Bijektionen an.

6. Zeigen Sie, dass jeder Baum 2-färbbar ist.

7. Der Komplementärgraph $\overline{G}$ eines Graphen $G = (V, E)$ ist ein Graph mit Knotenmenge V, in dem zwei Knoten genau dann adjazent sind, wenn sie in G nicht adjazent sind. Zeigen Sie: Ist G nicht zusammenhängend, dann ist der Komplementärgraph $\overline{G}$ zusammenhängend.

8. Gegeben sei ein zusammenhängender Graph $G = (V, E)$, der $2d$ Knoten mit ungeradem Grad aufweist ($d \geq 1$). Zeigen Sie, dass E in d Wege zerlegt werden kann, so dass jede Kante aus E in genau einem dieser Wege vorkommt.

9. Ein Pfad P in einem Graphen $G = (V, E)$ heißt *Hamiltonsch*, wenn jeder Knoten des Graphen genau einmal in P besucht wird. Zeigen Sie, dass der vollständige bipartite Graph $K_{m,n}$ mit $m \geq n \geq 1$ genau dann einen Hamilton-Pfad besitzt, wenn $n \leq m \leq n + 1$.

10. Gegeben sei ein bipartiter Graph $G = (V, E)$. Schreiben Sie ein `Sage`-Programm, das die Knotenpartition $V = S \cup T$ in disjunkte Knotenmengen berechnet.

4.5 Anmerkungen

Für vertiefende Aspekte der Graphentheorie verweisen wir auf die weiterführenden Bücher von Bondy und Murty [BM08] sowie Diestel [Die10]. In diesen beiden Darstellungen finden sich auch Beweise für den Satz 4.20 von Kuratowski.

Der Beweis des Vier-Farben-Satzes von Appel und Haken findet sich in [AH77], siehe auch die überarbeitete und mit Anhängen versehene spätere Buchversion [AH89]. Der vereinfachte Beweis von Robertson, Seymour, Sanders und Thomas ist in [RSST97] veröffentlicht. Ausführliche Informationen zur reichhaltigen Geschichte des Vier-Farben-Satzes bietet das Buch von Wilson [Wil02].

Während das Vier-Farben-Problem gelöst ist, sind eng verwandte Probleme noch sehr weitgehend offen. Die Frage nach der minimalen Anzahl von Kreuzungen eines gegebenen (nicht-planaren) Graphen in einer optimalen Einbettung ist ein Beispiel hierfür. Selbst im Fall des vollständigen Graphen auf n Knoten sind diese *Kreuzungszahlen* nur für kleine Werte von n bekannt. Abbildung 4.8 zeigt ein Bild mit nur drei Kreuzungen, das Sie mit der Anzahl der Kreuzungen in Abb. 4.1 vergleichen mögen. Tatsächlich wurden die Kreuzungszahlen für vollständige Graphen im Fall $n \geq 12$ mittels umfangreicher Computerberechnungen bestimmt. Für weitergehende Informationen siehe etwa [MR10].

Im Vorgriff auf die Untersuchung von Algorithmen in Kap. 6 sei bemerkt, dass mehrere der angesprochenen graphentheoretischen Funktionen mit interessanten, teilweise sehr schwierigen algorithmischen Fragen verbunden sind. In positiver Hinsicht liefert bei-

Abb. 4.8 Der vollständige Graph K_6 in einer Einbettung mit nur drei Kreuzungspunkten

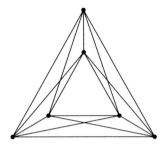

spielsweise Theorem 4.7 ein schnelles Verfahren zur Entscheidung, ob ein Graph bipartit ist. Hingegen führen der Test eines Graphen auf Planarität oder die Bestimmung der chromatischen Zahl auf sehr anspruchsvolle algorithmische Probleme.

Literatur

[AH77] APPEL, K. ; HAKEN, W.: Every planar map is four colorable. Part I: Discharging. In: *Illinois J. Math.* 21 (1977), Nr. 3, S. 429–490

[AH89] APPEL, K. ; HAKEN, W.: *Contemporary Mathematics.* Bd. 98: *Every Planar Map is Four Colorable.* Providence, RI : American Mathematical Society, 1989

[BM08] BONDY, J.A. ; MURTY, U.S.R.: *Graduate Texts in Mathematics.* Bd. 244: *Graph Theory.* New York : Springer, 2008

[Die10] DIESTEL, R.: *Graphentheorie.* 4. Auflage. Springer-Verlag, Berlin, 2010

[MR10] MCQUILLAN, D. ; RICHTER, R.B.: A parity theorem for drawings of complete and complete bipartite graphs. In: *Amer. Math. Monthly* 117 (2010), Nr. 3, S. 267–273

[RSST97] ROBERTSON, N. ; SANDERS, D. ; SEYMOUR, P. ; THOMAS, R.: The four-colour theorem. In: *J. Combin. Theory Ser. B* 70 (1997), Nr. 1, S. 2–44

[Wil02] WILSON, R.: *Four colors suffice.* Princeton, NJ : Princeton University Press, 2002

Einstieg in die Mathematik mit Sage

5

Aufbauend auf den ersten Schritten in Sage aus Kap. 3 betrachten wir im aktuellen Kapitel weitere Funktionen und Konzepte. Dabei werden wir zum einen wichtige Elemente der Analysis und linearen Algebra demonstrieren und zum anderen verschiedene Programmierelemente behandeln. Anhand weiterer Beispiele werden wir dabei auch einen kleinen Einblick in die reichhaltigen Visualisierungsmöglichkeiten von Sage gewinnen.

5.1 Elementare Analysis

Wir demonstrieren einige wichtige Prinzipien der Analysis in Sage: Differenzieren und Integrieren von Funktionen sowie das Lösen von Gleichungen. Zunächst führen wir eine kleine Kurvendiskussion des reellen Polynoms

$$f(x) := x^3 - 2x^2 - 8x$$

durch. Vor der Definition der Funktion f ist mittels var('x') zu deklarieren, dass x als Unbestimmte betrachtet werden soll. Wir berechnen dann die Nullstellen von f.

```
var('x')
f(x) = x^3 - 2*x^2 - 8*x
solve(f,x)                          [x == -2, x == 4, x == 0]
```

Die Anwendung des Befehls solve auf eine Funktion (anstelle einer Gleichung) bestimmt die Nullstellen der Funktion. Um die Extremwerte des Polynoms zu bestimmen, ermitteln wir die Nullstellen der ersten Ableitung.

```
solve(diff(f,x),x)                  [x == -2/3*sqrt(7) + 2/3,
                                      x == 2/3*sqrt(7) + 2/3]
```

© Springer Fachmedien Wiesbaden 2016   53
T. Theobald, S. Iliman, *Einführung in die computerorientierte Mathematik mit Sage,*
Springer Studium Mathematik – Bachelor, DOI 10.1007/978-3-658-10453-5_5

Die zugehörigen numerischen Funktionswerte und Arten der Extrema sind aus den folgenden Zeilen ersichtlich, wobei der Befehl `diff( , ,k)` (oder gleichwertig `derivative( , ,k)`) die k-te Ableitung von f bestimmt.

```
n(f(-2/3*sqrt(7) + 2/3))        5.04904247552719
n(f(2/3*sqrt(7) + 2/3))         -16.9008943273790
D2f(x) = diff(f,x,2)
D2f(-2/3*sqrt(7) + 2/3)         -4*sqrt(7)
D2f(2/3*sqrt(7) + 2/3)          4*sqrt(7)
```

Es gibt also zwei lokale Extrema

$$\left(-\frac{2}{3}\sqrt{7}+\frac{2}{3},\ 5{,}049\right) \qquad \text{und} \qquad \left(\frac{2}{3}\sqrt{7}+\frac{2}{3},\ -16{,}901\right),$$

wobei das erste ein lokales Maximum und das zweite ein lokales Minimum ist.

Anmerkung 5.1 In voranstehender Beispielsituation haben wir die Lösung der Extremwertbedingung per Hand in die zweite Ableitung eingesetzt. Da obiger `solve`-Befehl eine Liste der Lösungen zurückliefert, können die einzelnen Elemente dieser Liste extrahiert werden. Jede Lösung wird als Gleichung `x ==` dargestellt. Um auf die linke bzw. rechte Seite einer solchen Gleichung zuzugreifen, dienen `lhs` bzw. `lhs` (left hand side, right hand side).

```
l = solve(diff(f,x),x)
l[0]                            x == -2/3*sqrt(7) + 2/3
l[1]                            x == 2/3*sqrt(7) + 2/3
l[0].lhs()                      x
l[0].rhs()                      -2/3*sqrt(7) + 2/3
D2f(l[0].rhs())                 -4*sqrt(7)
```

Mittels des `plot`-Befehls (siehe auch den Abschn. 5.3 zur Visualisierung), lassen wir uns den Graphen von f im Intervall $[-3, 4.5]$ ausgeben:

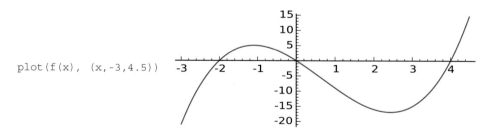

```
plot(f(x), (x,-3,4.5))
```

Um das Integral von f im Intervall $[-2, 0]$ oder eine Stammfunktion von f zu bestimmen, lässt sich der `integral`-Befehl benutzen.

```
integral(f(x),x,-2,0)                    20/3
integral(f(x),x)                         1/4*x^4 - 2/3*x^3 - 4*x^2
```

Als Beispiel für eine Grenzwertbestimmung betrachten wir $\lim_{x \to 1} \frac{\sin x}{x}$ sowie die unendliche Summe $\sum_{k=1}^{\infty} \frac{1}{k^2}$, für die nach einem berühmten Resultat von Euler gilt $\sum_{k=1}^{\infty} \frac{1}{k^2} = \frac{\pi}{6}$.

```
limit(sin(x)/x,x=0)                      1
var('k')
sum(1/k^2,k,1,infinity)                  1/6*pi^2
```

Auch die Bestimmung uneigentlicher Integrale entspricht einer Grenzwertbestimmung. Für das bereits in der Einleitung erwähnte Integral $\int_{-\infty}^{\infty} e^{-x^2} dx$ gibt Sage den exakten Wert $\sqrt{\pi}$ zurück.

```
integral(exp(-x^2),x,-infinity,infinity)    sqrt(pi)
```

Anmerkung 5.2 Nach einem Ergebnis von Joseph Liouville (1809–1882) kann die Stammfunktion der Funktion e^{-x^2} nicht elementar ausgedrückt werden, woraus sich eine bescheidene Idee über die Herausforderungen mathematischer Software-Systeme bei der exakten Bestimmung von Integralen gewinnen lässt.

Lösen von Gleichungen Wir betrachten das Lösen einfacher nichtlinearer Gleichungen. Eine quadratische Gleichung $x^2 + px + q$ mit $p, q \in \mathbb{C}$ hat bekanntlich die Lösungen $-\frac{p}{2} \pm \frac{1}{2}\sqrt{p^2 - 4q}$. In Sage lassen sich sowohl konkrete quadratische Gleichungen lösen als auch die allgemeine Form.

```
var('x')
solve(x^2+2*x+4, x)           [x == -I*sqrt(3) - 1, x == I*sqrt(3) - 1]
var('p,q')
solve(x^2+p*x+q, x)           [x == -1/2*p - 1/2*sqrt(p^2 - 4*q),
                               x == -1/2*p + 1/2*sqrt(p^2 - 4*q)]
```

Die Schnittpunkte eines Kreises $\{(x, y) \in \mathbb{R}^2 : x^2 + y^2 = 1\}$ mit einer Geraden $\{(x, y) \in \mathbb{R}^2 : x + y = 1\}$ ermittelt man via

```
var('x,y')
solve([x^2+y^2==1, x+y==1], x, y)  [[x == 1, y == 0], [x == 0, y == 1]]
```

Wir betrachten das Lösen einer kubischen Gleichung

```
var('x')
solve(x^3+x+1, x)
```

und erhalten drei Lösungen in exakter Form:

```
[x == -1/2*(I*sqrt(3) + 1)*(1/18*sqrt(3)*sqrt(31) - 1/2)^(1/3)
      + 1/6*(-I*sqrt(3) + 1)/(1/18*sqrt(3)*sqrt(31) - 1/2)^(1/3),
x == -1/2*(-I*sqrt(3) + 1)*(1/18*sqrt(3)*sqrt(31) - 1/2)^(1/3)
      + 1/6*(I*sqrt(3) + 1)/(1/18*sqrt(3)*sqrt(31) - 1/2)^(1/3),
x == (1/18*sqrt(3)*sqrt(31) - 1/2)^(1/3)
      - 1/3/(1/18*sqrt(3)*sqrt(31) - 1/2)^(1/3)]
```

Der Funktionsgraph der kubischen Funktion lässt sich durch `plot(x^3+x+1,(x,-3,3))` darstellen. Numerische Approximationen von Nullstellen lassen sich mit dem `find_root`-Befehl bestimmen, der Start- und Endwert eines Suchintervalls benötigt.

```
var('x')
find_root(x^2-3==0, -10, 10)        1.7320508075688696
```

In den Abschn. 7.4–7.5 werden Verfahren zur Bestimmung von Nullstellen und in Abschn. 10.2 im Detail die Nullstellen kubischer Polynome im Detail betrachtet.

5.2 Elementare lineare Algebra

Wir betrachten die grundlegenden Konzepte von Vektoren und Matrizen. In Sage gibt es verschiedene Möglichkeiten, um einen Vektor zu definieren. Das Kommando `vector([1,2,3])` erzeugt einen Vektor $(1, 2, 3)$ mit drei Komponenten. Vektoren lassen sich addieren und subtrahieren.

```
v = vector([1,2,3])
w = vector([2,3,4])
v+w                                 (3, 5, 7)
v-w                                 (-1, -1, -1)
```

Um das Produkt $A \cdot b$ einer Matrix mit einem Vektor zu bestimmen, dient

```
A = matrix([[1,2,3],[4,5,6],[7,8,9]])
b = vector([1,0,0])
A*b                                 (1,4,7)
```

Die Lösung eines linearen Gleichungssystems $Ax = b$ kann mit

```
A = matrix([[1,2,3],[1,4,7],[2,-1,9]])
b = vector([4,0,9])
A.solve_right(b)                    (95/13, -8/13, -9/13)
```

ermittelt werden.

In Kap. 9 gehen wir vertieft auf einige Aspekte der linearen Algebra ein. Als Vorgeschmack sei genannt, dass sich mit `eigenvectors_right` die Eigenwerte (mit Vielfachheiten) und Eigenvektoren einer Matrix bestimmen lassen:

```
A = matrix([[1,0],[0,-1]])
A.eigenvectors_right()      [(1, [(1, 0)], 1), (-1, [(0, 1)], 1)]
```

5.3 Visualisierung

`Sage` stellt umfangreichen Möglichkeite der Visualisierung zur Verfügung. Neben dem
bereits in Kap. 3 beschriebenen `plot`-Befehl zur Darstellung eines Funktionsgraphen beginnen wir mit dem Zeichnen einfacher Liniensegmente:

```
G = Graphics()
G = G + line([[0,0],[2,1]])
G = G + line([[0,0],[1,2]])
show(G)
```

Mit den zusätzlichen Parametern `show(G, aspect_ratio = 1, axes = False)` erfolgt die Ausgabe so, dass die x- und y-Achse maßstabsgetreu in gleicher Weise skaliert
werden und die Achsen nicht gezeichnet werden.

Eine Liste `L` von Punkten lässt sich mittels Liste `list_plot(L)` zeichnen. Wir ergän-
zen voranstehendes Programmstück:

```
L = []
for i in range (15):
    L.append([i/10,i/10])
G = G + list_plot(L)
show(G)
```

Es stehen zahlreiche Funktionen zur Darstellung zwei- und dreidimensionaler geometrischer Figuren zur Verfügung. Einen Kreis, etwa mit Mittelpunkt 0 und Radius 1, zeichnet
man mit

```
circle((0,0), 1)
```

bzw. in unverzerrter Form mit

```
circle((0,0), 1).show(aspect_ratio = 1)
```

Durch einen zusätzlichen Parameter `rgbcolor = (1,0,0)` oder `rgbcolor = 'red'`
kann die Zeichenfarbe, hier auf rot, geändert werden.

Ebenso lässt sich ein Kreis als Nullstellenmenge $\{(x, y) \in \mathbb{R}^2 : f(x, y) = 0\}$ des Polynoms $f = x^2 + y^2 - 1$ auffassen und mittels `implicit_plot(x^2+y^2-1,(x,-3,3),
(y,-3,3))` darstellen.

Das nachstehende Programmfragment visualisiert einen Tetraeder, einen Würfel und ein Dodekaeder.

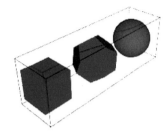

```
G = cube((0,-4,0), color='blue')
G = G + dodecahedron((0,-2,0), size=.8,
                     color='red')
G = G + sphere(size=.7, color='green')
G.show()
```

Der Torus in Abb. 1.1 der Einführung wurde mit folgendem Sage-Programmfragment erzeugt, das die dargestellte Fläche mittels zweier Parameter *s* und *t* parametrisiert. Mittels save lassen sich Grafiken in verschiedenen Formaten speichern.

```
var('s,t')
fx = (3*sin(t) + cos(s) + 5) * cos(2*t)
fy = (3*sin(t) + cos(s) + 5) * sin(2*t)
fz = sin(s) + 2*cos(t)
disp = parametric_plot3d([fx, fy, fz], (s, 0, 2*pi), (t, 0, 2*pi),
   color='blue', axes='True')
disp.show()
disp.save("picture1.png")
```

5.4   Einige Programmierelemente

Aufbauend auf den in Abschn. 3.5 bereits berührten Kontrollstrukturen von Sage lernen wir nun einige weitere für die Programmierung nützliche Elemente kennen.

Funktionen Mit dem def-Befehl lassen sich Funktionen definieren, ein erstes Beispiel haben wir bereits in Abschn. 3.3 gesehen. Um beispielsweise eine Funktion *C* zu erstellen, mit der eine Celsius-Temperaturangabe in eine Farenheit-Temperaturangabe umgewandelt werden kann, dient

```
def C(x):
    return((5/9)*x - 160/9)
C(32)                          0
C(212)                         100
```

Bei Erreichen des return-Kommandos wird die Ausführung der Funktion beendet und der in dem return-Befehl angegebene Parameter als ermittelter Wert zurückgegeben. Unter Verwendung einer if-Verzweigung lassen sich abschnittsweise definierte Funktionen konstruieren.

```
def f(x):
    if x >= 0:
        return(sin(x))
    else:
        return(x)
plot(f,(x,-2,2))
```

Der Aufruf `f(-2)` liefert `0`.

Eine eigene Implementierung der Fakultätsfunktion – d. h., ohne Verwendung des existierenden Befehls `factorial` – erhält man wie folgt.

```
def myfactorial(n):
    z = 1
    for i in range(1,n+1):
        z = i*z
    return(z)
myfactorial(5)
```

Der Aufruf `myfactorial(5)` liefert `120`.

Anmerkung 5.3 Sehr kleine Funktionen lassen sich auch mit Hilfe der `lambda`-Notation definieren. Beispielsweise lässt sich die Umwandlung von Farenheit in Celsius noch etwas kürzer als `C = lambda x: ((5/9)*x - 160/9)` definieren. Hierbei gibt `lambda x` an, dass x die zugrundeliegende Variable ist.

5.5 Ausgaben

Standardgemäß wird in `Sage` immer nur das Ergebnis der letzten Berechnung ausgegeben. Handelt es sich bei dem letzten Kommando um eine Variablenzuweisung, z. B. `a = sin(5)^2`, dann erfolgt keine Ausgabe. Als expliziter Ausgabebefehl steht der bereit in Kap. 3 erwähnte `print`-Befehl zur Verfügung. Sollen die Ausgabe mehrerer Werte in der gleichen Zeile erfolgen, ist ein Komma als Trennsymbol zu verwenden.

```
a = 5
print a^2 + a, a^3                    30 125
```

Durch die Verwendung des String-Modulo-Operators `%` lassen sich formatierte Ausgaben erzeugen. So wird in nachstehendem `print`-Kommando die Zahl 42 aufgrund des Formatstrings `%3d` als dreistellige ganze Dezimalzahl ausgegeben, und die eulersche Zahl e als 14-stellige Gleitkommazahlzahl (einschließlich Dezimalpunkt) und 12 Nachkommastellen.

```
a = 42
print "Nr.%3d: %14.12f" % (a, exp(1))    Nr. 17: 2.718281828459
```

Zum Abschluss des Teilabschnitts sei darauf hingewiesen, dass Sage – wie oben gesehen – Polynome und andere Ausdrücke stets in einer zeilenbasierten Darstellung ausgibt. Mit dem show-Befehl erzeugt Sage eine schön formatierte Ausgabe.

```
f = (1/5 * x^5 + x^3) + (x^5 + 1/5 * x^3)
f                                                 6/5*x^5 + 6/5*x^3
show(f)                                           $\frac{6}{5}x^5 + \frac{6}{5}x^3$
```

5.6 Übungsaufgaben

1. Bestimmen Sie mittels Sage die Extremal- und Wendepunkte der reellen Funktion $f(x) = x^3 - 20x$, und visualisieren Sie den Funktionsgraphen.
2. Untersuchen Sie experimentell mit Sage den Grenzwert $\lim_{n \to \infty} \sqrt[n]{n}$; zum einem mit dem limit-Befehl und zum anderen durch Auswertungen für große Zahlen n.
3. Eine natürliche Zahl heißt *vollkommen*, wenn sie die Summe ihrer echten Teiler ist (beispielsweise ist $6 = 1 + 2 + 3$ vollkommen). Bestimmen Sie mittels Sage die ersten drei vollkommenen Zahlen.
   Hinweis: Der Befehl divisors(n) liefert die Teiler der natürlichen Zahl n.
4. Schreiben Sie eine Sage-Funktion Quersumme(n), die die Quersumme einer natürlichen Zahl n berechnet.
5. Verifizieren Sie experimentell (für gegebenes n) den Binomialsatz:

$$(a + b)^n = \sum_{k=0}^{n} \binom{n}{k} a^k b^{n-k} .$$

   Hinweis: Benutzen Sie den Befehl expand zum Ausmultiplizieren.
6. Bestimmen Sie für zwei Mengen A, B die symmetrische Differenz mittels Rückführung auf Vereinigung, Durchschnitt und Mengendifferenz.

5.7 Anmerkungen

Wie in Kap. 3 empfehlen wir die begleitende Lektüre des Sage Tutorials [Ste15] oder des Sage-Buches von Bard [Bar15], in denen sich viele zusätzliche Einzelheiten zu den einzelnen Befehlen finden. Für weitere Informationen zu Sage – die weit über den Einstieg in der vorliegenden Darstellung hinausgehen – sei auf die auf der Sage-Homepage verfügbaren Online-Ressourcen hingewiesen, insbesondere auf die Unterlagen „Sage for Power Users" von Stein [Ste12] und für sehr detaillierte Informationen auf das Reference Manual [Ste15]. Daneben bietet das Sage-Buch von Finch [Fin11] weiteres Material.

Literatur

[Bar15] BARD, G.V.: Sage for Undergraduates. Providence, RI : American Mathematical Society, 2015

[Fin11] FINCH, C.: Sage Beginner's Guide. Packt Publishing, Birmingham, 2011

[Ste12] STEIN, W.A.: Sage for Power Users. Verfügbar auf der Homepage http://www.sagemath.org, 2012

[Ste15] STEIN, W.A. ET AL. THE SAGEMATH DEVELOPMENT TEAM: SageMath Mathematics Software (Version 6.8). 2015

Algorithmen und Rekursion

6

Im Zuge des Einstiegs in Sage haben wir in den vergangenen Kapiteln implizit bereits den Begriff des Algorithmus gestreift. In dem aktuellen Kapitel soll nun – als Grundlage für später untersuchte mathematische Algorithmen – der Begriff des Algorithmus und der Komplexität eines Algorithmus eingehender untersucht werden. In besonderer Weise gehen wir hierbei auf das Prinzip der Rekursion ein. Für einfache Typen rekursiv definierter Folgen zeigen wir, wie Lösungen dieser Rekursionsgleichungen gewonnen werden können und untersuchen anhand der Ackermann-Funktion exemplarisch besondere Phänomene, die bei Rekursionen komplizierterer Bauart auftreten können. Das zum Abschluss des Kapitels dann behandelte Problem des Sortierens einer Zahlenfolge eignet sich gut, um bei der Analyse einige der Techniken für Rekursionsgleichungen anzuwenden.

6.1 Algorithmen und ihre Komplexität

Für unsere Zwecke ist es ausreichend, einen *Algorithmus* als eine spezielle Methode zur Lösung eines Problems zu verstehen. Algorithmen sind unabhängig von einer konkreten Programmiersprache und von einem Computertyp. Von einem Algorithmus fordert man in der Regel, dass die Einzelschritte eindeutig festgelegt und tatsächlich durchführbar sind, und dass er nach endlich vielen Einzelschritten terminiert.

Beispiel 6.1 Wir betrachten zunächst einen naiven Algorithmus für den Test, ob eine gegebene Zahl eine Primzahl ist; siehe Algorithmus 1. Um die Unabhängigkeit eines Algorithmus von einer konkreten Implementierung in einer Programmiersprache zu betonen, verwenden viele Darstellungen zur Beschreibung von Algorithmen eine abstrakte, oft selbsterklärende und an gängige Programmiersprachen angelegte Kurznotation.

© Springer Fachmedien Wiesbaden 2016
T. Theobald, S. Iliman, *Einführung in die computerorientierte Mathematik mit Sage*,
Springer Studium Mathematik – Bachelor, DOI 10.1007/978-3-658-10453-5_6

Algorithmus 1 (Naiver Primzahltest in einer an gängige Programmiersprachen angelegten Kurznotation)

    Eingabe : $n \in \mathbb{N}$ mit $n \geq 2$
    Ausgabe : Ja, falls n Primzahl; Nein sonst
1 **for** $i \leftarrow 2, \ldots, n-1$ **do**
2 | **if** i *teilt* n **then**
3 | | **return** (Nein);

4 **return** (Ja);

In der vorliegenden Darstellung verfolgen wir naürlich auch das Ziel, den Leser an Sage heranzuführen und notieren Algorithmen daher oft direkt in der Sprache von Sage. Überzeugen Sie sich durch Vergleich des Algorithmus 1 mit der nachstehenden naiven Implementierung einer Funktion primzahltest, dass in einfachen Beispielen das Sage-Programm direkt die etwas abstraktere Notation reflektiert:

```
def primzahltest(n):
    for i in range(2,n):
        if mod(n,i) == 0:
            return(false)
    return(true)
```

Anmerkung 6.2 In der theoretischen Informatik spielt die Formalisierung des Algorithmusbegriffs eine zentrale Rolle; diese kann beispielsweise mittels des Konzepts einer *Turingmaschine* erfolgen.

Algorithmen werden in der Regel danach beurteilt, wieviel Rechenzeit und wieviel Speicherplatz sie benötigen. Intuitiv ist einsichtig, dass wir zur computerbasierten Lösung eines Problems – etwa eines graphentheoretischen Problems – für große Eingaben (also etwa große Graphen) einen größeren Rechenaufwand erwarten als für kleine Eingaben. Wir beschreiben die Rechenzeit und den Speicherbedarf eines Algorithmus daher in der Regel in Abhängigkeit von der Eingabegröße. Im Sinne der theoretischen Informatik verbirgt sich hinter der Eingabegröße eines Datenobjekts die Anzahl der Bits, die notwendig sind, um das Objekt in einem Computer zu speichern. Eine natürliche Zahl $n > 0$ hat eine Binärdarstellung mit $\lfloor \log_2 n \rfloor + 1$ Ziffern und benötigt daher $\lfloor \log_2 n \rfloor + 1$ Bits zur Speicherung. Rationale Zahlen können als Paare natürlicher Zahlen mit einem zusätzlichen Vorzeichenbit dargestellt werden, Vektoren werden als ihre Einträge (etwa von rationalen Zahlen) dargestellt und so weiter.

Die *Zeitkomplexität* $t_A(n)$ eines Algorithmus A bezeichnet die maximale Zahl von Schritten, die A zur Lösung einer Instanz des Problems der Größe n benötigt. Entsprechend beschreibt die *Speicherplatzkomplexität* $s_A(n)$ die maximale Anzahl an Speicherzellen, die zur Lösung einer Probleminstanz der Größe n benötigt werden. Bei den hier behandelten Problemen liegt unser Fokus auf der Zeitkomplexität von Algorithmen.

Beispiel 6.3 Verschiedene Algorithmen für das gleiche Problem können unterschiedliche Zeitkomplexitäten haben. Wir betrachten als Beispiel das Problem, ein Polynom $p(x) = a_n x^n + x_{n-1} x^{n-1} + \cdots + a_1 + a_0$ mit rationalen Koeffizienten an einer gegebenen Stelle $t \in \mathbb{Q}$ auszuwerten. Der Einfachheit halber beschränken wir uns darauf, die Anzahl der erforderlichen Multiplikationen je zweier Zahlen zu zählen. Eine erste naheliegende Methode bestimmt zunächst sukzessive die Potenzen $t, t^2, \ldots, t^n$ mittels $n-1$ Multiplikationen. Anschließend sind zur Bestimmung von $p(t) = \sum_{i=0}^{n} a_i t^i$ weitere n Multiplikationen erforderlich, so dass insgesamt $2n - 1$ Multiplikationen ausgeführt werden.

Mit dem als *Horner-Schema* bekannten Prinzip

$$p(t) = t(\cdots(t(t(ta_n + a_{n-1}) + a_{n-2}) + a_{n-3})\cdots) + a_0$$

gelingt es, die Auswertung mit nur n Multiplikationen zu erzielen.

Zur qualitativen Beschreibung des Wachstums der Zeitkomplexität oder der Speicherplatzkomplexität sind die folgenden Begriffsbildungen der *asymptotischen Analyse* nützlich.

▶ **Definition 6.4** Für $f, g : \mathbb{N} \to \mathbb{R}_+$ schreibt man $f \in O(g)$, falls zwei Konstanten $c, n_0 \in \mathbb{N}$ existieren, so dass für alle $n \geq n_0$ gilt $f(n) \leq c \cdot g(n)$. Man sagt „f ist *höchstens von der Ordnung g*".

Zur abkürzenden Notation sind auch arithmetische Ausdrücke üblich, in denen $O(n)$ als Term auftritt. In diesem Sinne ist beispielsweise $O(1)$ als die Klasse der durch eine Konstante beschränkten Funktionen zu verstehen, und mit $n^{O(1)}$ die Klasse der durch ein Polynom beschränkten Funktionen.

Ist man an unteren Schranken für eine Komplexitätsfunktion f interessiert, dann wird die folgende Bezeichnung verwendet. Wir sagen $f \in \Omega(g)$, gelesen „f ist *mindestens von der Ordnung g*", falls zwei Konstanten $c, n_0 \in \mathbb{N}$ existieren, so dass für alle $n \geq n_0$ gilt $f(n) \geq c \cdot g(n)$. Wir schreiben $f \in \Theta(g)$, falls $f \in O(g)$ und $g \in O(f)$, das heißt, falls die Wachstumsordnungen von f und g gleich sind.

Durch die Konzentration auf das asymptotische Verhalten werden insbesondere technische Aspekte wie der verwendeten Hardware vernachlässigt. Denn konstante Faktoren spielen keine Rolle, und die Analyse konzentriert sich auf die dominanten Terme der auftretenden Komplexitätsfunktionen.

Als grundlegendes Unterscheidungsmerkmal verschiedener Algorithmen dient die Frage, ob die Laufzeit *polynomial* oder *exponentiell* ist in dem Sinne, dass die Laufzeit

durch eine Polynomfunktion bzw. durch eine Exponentialfunktion in der Eingabegröße
n beschrieben wird. Aufgrund des starken Wachstums der Exponentialfunktion sind ex-
ponentielle Algorithmen oft nur für sehr kleine Eingabegrößen praktikabel. Polynomiale
Algorithmen werden hingegen in der Regel als *effiziente* Algorithmen angesehen.

6.2   Rekursion

Ein Objekt wird als *rekursiv* bezeichnet, wenn es sich selbst als Teil enthält oder mit Hilfe
von sich selbst definiert ist.

Beispiel 6.5   1) Die Fakultätsfunktion kann rekursiv wie folgt definiert werden:

$$n! := \begin{cases} 1 & \text{falls } n = 0\,, \\ n \cdot (n-1)! & \text{falls } n > 0\,. \end{cases}$$

2) Die Bestimmung der Folgenglieder der rekursiv definierten Folge $a_1 = 2$, $a_n = (a_{n-1})^2 + 1$ kann mit einer rekursiven `Sage`-Funktion erfolgen:

```
def a(n):
    if n > 1:
        return (a(n-1)^2)+1
    else:
        return 2
a(7)                              210066388901
```

Mit dem Prinzip der Rekursion lässt sich eine unendliche Menge von Objekten durch
eine endliche Aussage definieren oder eine unendliche Anzahl von Berechnungsschritten
durch ein endliches Programm beschreiben. Es ist nicht verwunderlich, dass bei der Untersuchung rekursiv definierter Objekte oft das Beweisprinzip der vollständigen Induktion
zum Zuge kommt.

Bei rekursiven Algorithmen ist dem Aspekt der Termination stets besonderes Augen-
merk zu schenken: Für alle zulässigen Eingaben muss das Beenden des Verfahrens nach
endlich vielen Schritten sichergestellt sein.

Der Turm von Hanoi   Als instruktives Beispiel für das Prinzip der Rekursion betrachten
wir das 1883 von Édouard Lucas erfundene Problem des *Turms von Hanoi*. Hierbei sind
drei Stäbe A, B, C gegeben, auf die runde Scheiben mit unterschiedlichem Durchmesser aufgesteckt werden können. Zu Beginn seien n Scheiben auf Stab A mit nach oben
abnehmendem Durchmesser aufgesteckt. Als Aufgabe gilt es nun, die Scheiben unter Zu-

Abb. 6.1 Turm von Hanoi mit
fünf Scheiben

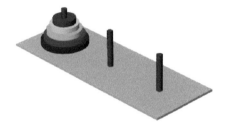

hilfenahme des Stabes B durch sukzessive Bewegung jeweils einer Scheibe auf den Stab
C umzuschichten. Dabei soll niemals eine Scheibe mit größerem Durchmesser auf einer
mit einem kleinerem Durchmesser zu liegen kommen (Abb. 6.1).

Rekursiv lässt sich leicht eine Lösung des Problems formulieren: Zunächst werden –
rekursiv – die oberen $n-1$ Scheiben von Stab A auf den Stab B unter Zuhilfenahme von
Stab C umgeschichtet; dann bringt man die auf dem Stab A verbliebene einzige (anfangs
unterste) Scheibe auf den Stab C. Nun ist Stab A frei, und die $n-1$ Scheiben von Stab B
können auf den Stab C mit Hilfe des Stabes A umgeschichtet werden.

Um dieses Vorgehen etwas formaler darzustellen und dann in ein `Sage`-Programm zu
überführen, verwenden wir die Kurznotation `hanoi(m,x,y,z)` für die Bewegung der
m oberen Scheiben von einem Stab x nach Stab z unter Zuhilfenahme des Stabes y als
Hilfsstab. Mit `scheibe(x,y)` wird die oberste Scheibe eines Stabes x auf den Stab y
umgesetzt. Die rekursive Lösung für `hanoi(n,A,B,C)` lautet damit abstrakt:

Algorithmus 2 (Rekursives Vorgehen beim Turm von Hanoi)

1 **if** $n > 0$ **then**
2 $\quad\lfloor$ `hanoi(n-1,A,C,B),scheibe(A,C),hanoi(n-1,B,A,C)`

Der rekursive Algorithmus kann in `Sage` realisiert werden:

```
def hanoi(n,A,B,C):                          Scheibe 1 von St1 nach St3
    if (n > 0):                              Scheibe 2 von St1 nach St2
        hanoi(n-1,A,C,B)                     Scheibe 1 von St3 nach St2
        print 'Scheibe',n,'von',A,'nach',C   Scheibe 3 von St1 nach St3
        hanoi(n-1,B,A,C)                     Scheibe 1 von St2 nach St1
                                             Scheibe 2 von St2 nach St3
hanoi(3, 'St1', 'St2', 'St3')                Scheibe 1 von St1 nach St3
```

Für die Anzahl der benötigten Scheibenbewegungen t_n beim Umsetzen eines Turms mit n Scheiben gilt die Rekursionsbeziehung

$$t_n = t_{n-1} + 1 + t_{n-1} = 2t_{n-1} + 1$$

mit der Anfangsbedingung $t_1 = 1$.

Lemma 6.6 *Der rekursive Algorithmus benötigt für das Umsetzen eines Turmes mit n Scheiben genau $2^n - 1$ Scheibenbewegungen.*

Beweis Wir beweisen die Behauptung durch vollständige Induktion. Für $n = 1$ genügt eine einzige Scheibenbewegung. Um von n auf $n + 1$ Scheiben zu schließen, beobachten wir

$$t_{n+1} = 2t_n + 1 = 2(2^n - 1) + 1 = 2^{n+1} - 1 \,. \qquad \square$$

In Abhängigkeit von n steigt der Rechenaufwand sehr stark an: für $n = 64$ müssen $2^{64} - 1 \approx 10^{21}$ Scheibenbewegungen ausgeführt werden. Tatsächlich gibt es auch keinen schnelleren Algorithmus: Denn *jeder beliebige* Algorithmus für den Turm von Hanoi muss irgendwann die größte Scheibe bewegen. Das kann aber nur erfolgen, wenn zuvor der Turm der Größe $n - 1$ zum mittleren Stab bewegt wurde; und zudem muss nach dem Bewegen der großen Scheibe der Turm der Größe $n - 1$ erneut bewegt werden. Somit ergibt sich unmittelbar die *untere Schranke* von $2^n - 1$ Bewegungen.

Anmerkung 6.7 Im Zusammenhang mit dem von Lucas vorgestellten Rätsel existiert eine Legende über einen indischen Tempel, in dem in einem großen Raum ein Turm mit 64 goldenen Scheiben gemäß der beschriebenen Regel zu versetzen sei und dann das Ende der Welt gekommen sei. Die Mönche lösen die Aufgabe – in Widerspiegelung des beschriebenen Rekursionsprinzips – in der Legende dadurch, dass der älteste Mönch, der die Aufgabe alleine nicht bewältigen kann, dem zweitältesten Mönch die Aufgabe gibt, die oberen 63 Scheiben zu einem Hilfsplatz zu bewegen. Dann würde er die größte Scheibe selbst zum Ziel bringen und der zweitälteste Mönch die oberen 63 Scheiben wieder darauf stapeln. Der zweitälteste Mönch gibt nun die nächste Teilaufgabe an den nächstältesten Mönch weiter, und so fort.

Graphentheoretische Modellierung des Turms von Hanoi Die Zugfolgen des Turms von Hanoi lassen sich gut in folgendem graphentheoretischen Modell betrachten. Sei $n \in \mathbb{N}$ die Anzahl der Kreisscheiben. Gibt man für jede Scheibe vor, auf welchem der drei Stäbe sie liegt, ist die Konfiguration wegen der Regel, dass nur kleinere auf größeren Scheiben liegen können, bereits eindeutig bestimmt. Jede Konfiguration kann daher eindeutig durch einen Vektor $v \in V_n := \{1, 2, 3\}^n$ beschrieben werden, wobei sich die Scheibe i auf dem Stab v_i befindet.

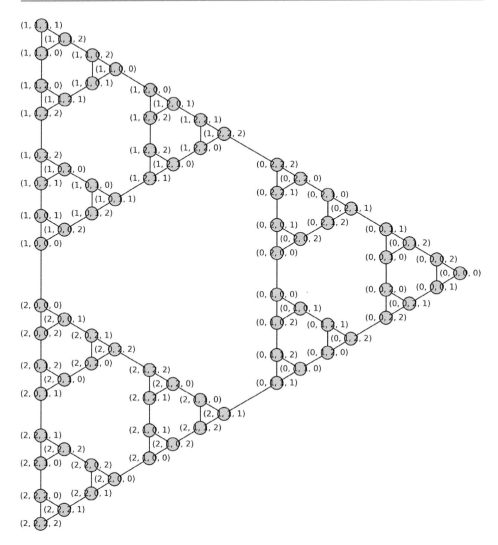

Abb. 6.2 Hanoi-Graph für $n = 4$ Scheiben

Sei $G_n = (V_n, E_n)$ nun der Graph auf der Konfigurationsmenge V_n, bei dem je zwei Konfigurationen genau dann benachbart sind, wenn jede der beiden durch nur eine zulässige Scheibenbewegung aus der anderen hervorgeht (*Hanoi-Graph*). Abbildung 6.2 zeigt den Graphen für einen aus vier Scheiben bestehenden Turm. Bei Einbettung des Graphen in die Ebene ergibt sich für $n \to \infty$ ein sogenanntes *Sierpinski-Dreieck* (siehe Übungsaufgabe 11).

Übung 6.8 Die Anzahl der Kanten des Graphen des Hanoi-Graphen G_n beträgt $\frac{3}{2}(3^n - 1)$.

Übung 6.9 Zur Zugfolge des optimalen Algorithmus für den Turm von Hanoi betrachten wir die nachstehende Folge von $\{0, 1\}$-Vektoren der Länge n. Beginnend bei $(0, 0, 0)$ verändern wir die i-te Stelle genau dann, wenn die i-tgrößte Scheibe bewegt wird. Für drei Scheiben erhalten wir also

$$(0,0,0) \rightarrow (0,0,1) \rightarrow (0,1,1) \rightarrow (0,1,0)$$
$$\rightarrow (1,1,0) \rightarrow (1,1,1) \rightarrow (1,0,1) \rightarrow (1,0,0).$$

Zeigen Sie, dass diese Folge einen Hamiltonschen Kreis auf dem wie folgt definierten Graphen eines *Hyperwürfel* auf der Menge $\{0, 1\}^n$ konstituiert: je zwei Knoten sind genau dann benachbart, wenn sie sich in genau einer Koordinate unterscheiden (vgl. Beispiel 4.17 und Übungsaufgabe 9 in Kap. 4).

Für den Fall von vier Stäben ist die Frage nach einer optimalen Hanoi-Zugfolge immer noch ein offenes Problem. Es existieren Algorithmen, die für $n \leq 30$ Scheiben die optimale Lösung liefern und für die vermutet wird, dass sie auch für beliebiges n die optimale Lösung liefern, ein Beweis hierfür ist jedoch nicht bekannt.

6.3   Rekursionsgleichungen

Der Zeitaufwand bei der Ausführung der in den vergangenen Abschnitten vorgestellten rekursiven Methoden lässt sich durch eine *Rekursionsgleichung* beschreiben.

Beispiel 6.10 Für die Anzahl t_n der Aufrufe bei der rekursiven Berechnung der Fakultätsfunktion der Zahl n gilt $t_n = 1 + t_{n-1}$ mit der Anfangsbedingung $t_1 = 1$.

Für die Anzahl t_n der Scheibenbewegungen bei der beschriebenen Lösung des Turms von Hanoi mit n Scheiben gilt

$$t_n = 2t_{n-1} + 1, \quad t_1 = 1.$$

▶ **Definition 6.11** Unter einer *Rekursionsgleichung k-ter Ordnung* versteht man eine Gleichung

$$a_n = f(n, a_{n-1}, \ldots, a_{n-k}),$$

die das n-te Glied einer Folge mittels einer Funktion f durch ein oder mehrere der vorherigen Glieder $a_{n-1}, a_{n-2}, \ldots, a_{n-k}$ sowie durch den Wert von n selbst ausdrückt. Vorgegebene Folgenelemente werden als *Anfangswerte* bezeichnet.

Als Aufwärmübung betrachten wir zunächst lineare Rekursionsgleichungen mit konstantem Koeffizienten und konstantem inhomogenen Anteil:

Proposition 6.12 *Gegeben sei die Rekursionsgleichung $a_n = ca_{n-1} + b$, $n \geq 1$ mit $c \in \mathbb{R}$ und Anfangswert $a_0 \in \mathbb{R}$. Ihre Lösung lautet*

$$a_n = \begin{cases} a_0 c^n + \frac{1-c^n}{1-c} b, & \text{falls } c \neq 1, \\ a_0 + nb, & \text{falls } c = 1. \end{cases}$$

Beweis Durch Iteration der Rekursionsbeziehung ergibt sich

$$a_n = c^2 a_{n-2} + bc + b = c^3 a_{n-3} + bc^2 + bc + b.$$

Induktiv erhalten wir für $c \neq 1$ mittels der geometrischen Reihe

$$a_n = c^n a_0 + b(c^{n-1} + c^{n-2} + \cdots + c + 1) = a_0 c^n + \frac{1-c^n}{1-c} b.$$

Für den Spezialfall $c = 1$ erhalten wir ferner die in der Aussage des Satzes angegebene Gleichung. $\square$

Korollar 6.13 *Die Lösungsfolge der Rekursionsgleichung $a_n = ca_{n-1} + b$ mit Anfangswert a_0 konvergiert genau dann für jeden Anfangswert gegen den Wert*

$$a^* = \frac{b}{1-c},$$

wenn $|c| < 1$. Falls $c > 1$, dann divergiert die Folge gegen $+\infty$ (im Fall $a_0 > a^*$) bzw. $-\infty$ (im Fall $a_0 < a^*$) bzw. bleibt konstant (im Fall $a_0 = a^*$).

Wir betrachten nun homogene lineare Rekursionsgleichungen zweiter Ordnung mit konstanten Koeffizienten,

$$a_n = c_1 a_{n-1} + c_2 a_{n-2} \qquad (n \geq 2). \tag{6.1}$$

c_1 und c_2 seien hierbei reelle Konstanten mit $c_2 \neq 0$. Die Startwerte a_0 and a_1 seien gegeben. In der Bezeichnung drückt das Adjektiv *homogen* aus, dass die Rekursionsgleichung (6.1) nicht noch zusätzlich einen Term $h(n)$ mit einer Funktion $h(n)$ enthält.

Beispiel 6.14 Die Fibonacci-Zahlen

$$f_{n+1} = f_n + f_{n-1} \qquad \text{mit } f_1 = f_2 = 1$$

finden sich in vielen Wachstumsprozessen wieder.

Wir fragen zunächst, ob es Lösungen für (6.1) der Form α^n mit einer Zahl $\alpha \neq 0$ gibt. Einsetzen des Ansatzes $a_n = \alpha^n$ in (6.1) liefert

$$\alpha^n = c_1 \alpha^{n-1} + c_2 \alpha^{n-2}\,,$$

also insbesondere $\alpha^2 = a_1 \alpha + a_2$. Folglich ist $a_n = \alpha^n$ genau dann eine Lösung von (6.1), wenn α eine Lösung der Hilfsgleichung

$$x^2 = c_1 x + c_2 \tag{6.2}$$

ist. Sind also α und β verschiedene Lösungen dieser quadratischen Hilfsgleichung, dann erfüllen sowohl $a_n = \alpha^n$ als auch $a_n = \beta^n$ die Rekursionsgleichung (ohne Berücksichtigung der Anfangsbedingungen). Besitzt die Hilfsgleichung eine doppelte Lösung α, dann gilt

$$x^2 - c_1 x - c_2 = (x - \alpha)^2 = x^2 - 2\alpha x + \alpha^2\,,$$

so dass $c_1 = 2\alpha$ und $c_2 = -\alpha^2$ folgt. In diesem Fall erfüllt auch $a_n = n\alpha^n$ die Rekursionsgleichung, denn

$$\begin{aligned}
c_1 a_{n-1} + c_2 a_{n-2} &= c_1(n-1)\alpha^{n-1} + c_2(n-2)\alpha^{n-2} \\
&= 2(n-1)\alpha^n - (n-2)\alpha^n = n\alpha^n = a_n\,.
\end{aligned}$$

Wir zeigen nun das folgende Resultat für die Lösung linearer Rekursionsgleichungen zweiter Ordnung mit konstanten Koeffizienten:

Theorem 6.15 *Gegeben sei eine Rekursionsgleichung* (6.1) *mit Startwerten* a_0, a_1. *Sind* α *und* β *die Lösungen[1] der charakteristischen Gleichung* (6.2), *so gilt:*

- *Im Fall* $\alpha \neq \beta$ *existieren Konstanten* k_1, k_2 *mit* $a_n = k_1 \alpha^n + k_2 \beta^n$ *für alle* $n \geq 1$.
- *Im Fall* $\alpha = \beta$ *existieren Konstanten* k_1, k_2 *mit* $a_n = (k_1 + n k_2)\alpha^n$ *für alle* $n \geq 1$.

Die Werte der Konstanten k_1 und k_2 ergeben sich aus den Anfangsbedingungen (im ersten Fall: $a_0 = k_1 + k_2$, $a_1 = k_1 \alpha + k_2 \beta$; im zweiten Fall: $a_0 = k_1$, $a_1 = (k_1 + k_2)\alpha$).

Beispiel 6.16 Gegeben sei die Rekursionsgleichung

$$a_n = 5a_{n-1} - 6a_{n-2} \quad \text{mit } a_0 = 0,\ a_1 = 1\,.$$

---

[1] Hat die charakteristische Gleichung keine reellen Lösungen, dann sind die komplexen Lösungen zu betrachten; wir behandeln diese Situation bei der ausführlichen Behandlung komplexer Zahlen in Abschn. 8.1.

Die Hilfsgleichung $x^2 - 5x + 6 = 0$ hat die beiden Lösungen $\alpha = 2$ und $\beta = 3$. Die beiden Konstanten k_1 und k_2 ergeben sich aus $0 = k_1 + k_2$ sowie $1 = 2k_1 + 3k_2$, d.h., $k_1 = -1, k_2 = 1$. Die Rekursionsgleichung hat daher die Lösung

$$a_n = -2^n + 3^n = 3^n - 2^n \, .$$

Beweis Fall $\alpha \neq \beta$: Wähle k_1 und k_2 so, dass $a_0 = k_1 + k_2$, $a_1 = k_1\alpha + k_2\beta$; wegen $\alpha \neq \beta$ besitzt dieses Gleichungssystem eine eindeutige Lösung.

Dann gilt natürlich $a_n = k_1\alpha^n + k_2\beta^n$ für $n \in \{0, 1\}$. Induktiv nehmen wir nun an, dass die Aussage für alle Werte bis n gilt und folgern

$$\begin{aligned}
a_{n+1} &= c_1 a_n + c_2 a_{n-1} \\
&= c_1(k_1\alpha^n + k_2\beta^n) + c_2(k_1\alpha^{n-1} + k_2\beta^{n-1}) \\
&= k_1\alpha^{n-1}(c_1\alpha + c_2) + k_2\beta^{n-1}(c_1\beta + c_2) \\
&= k_1\alpha^{n+1} + k_2\beta^{n+1} \, .
\end{aligned}$$

Fall $\alpha = \beta$: Wähle k_1 und k_2 so, dass $a_0 = k_1$, $a_1 = (k_1 + k_2)\alpha$. Dann gilt die Aussage für $n \in \{0, 1\}$ sowie induktiv

$$\begin{aligned}
a_{n+1} &= c_1 a_n + c_2 a_{n-1} \\
&= c_1(k_1 + nk_2)\alpha^n + c_2(k_1(n-1)\alpha^{n-1}k_2)\alpha^{n-1} \\
&= k_1\alpha^{n-1}(c_1\alpha + c_2) + k_2\alpha^{n-1}(c_1n\alpha + c_2(n-1)) \, .
\end{aligned}$$

Im Falle einer doppelten Nullstelle α der charakteristischen Gleichung gilt

$$x^2 - c_1 x - c_2 = (x - \alpha)^2 = x^2 - 2\alpha x + \alpha^2 \, ,$$

so dass $c_1 = 2\alpha$ und $c_2 = -\alpha^2$. Damit ergibt sich weiter

$$\begin{aligned}
a_{n+1} &= k_1\alpha^{n+1} + k_2\alpha^{n-1}(2n\alpha^2 - (n-1)\alpha^2) \\
&= k_1\alpha^{n+1} + k_2(n+1)\alpha^{n+1} \, . \qquad \Box
\end{aligned}$$

Beispiel 6.17 Für den Fall $c_1 = c_2 = 1$ der Fibonacci-Zahlen gilt $\alpha = \frac{1}{2}(1 + \sqrt{5})$, $\beta = \frac{1}{2}(1 - \sqrt{5})$. Wir bestimmen bzw. approximieren mit den `Sage`-Kommandos `roots` oder `solve` die Nullstellen des charakteristischen Polynoms; siehe auch Kap. 10. In der nachstehenden Ausgabe sind auch die Vielfachheiten der Nullstellen angegeben.

```
var('x')
f = x^2 - x - 1
f.roots()        [(-1/2*sqrt(5) + 1/2, 1), (1/2*sqrt(5) + 1/2, 1)]
solve(f,x)       [x == -1/2*sqrt(5) + 1/2, x == 1/2*sqrt(5) + 1/2]
```

Die Nullstelle $\alpha = \frac{1}{2}(1 + \sqrt{5}) \approx 1{,}618$ ist gerade der goldene Schnitt, und $\beta = \frac{1}{2}(1 - \sqrt{5}) \approx 0{,}618$ der Kehrwert des goldenen Schnitts.

Über eine existierende Schnittstelle zu dem (mit Sage-Distributionen) mitgelieferten Mathematik-Paket `Maxima` bietet `Sage` auch direkten Zugriff auf die beschriebenen Techniken zur Behandlung von Rekursionsgleichungen. Für obiges Beispiel $a_n = 5a_{n-1} + 6a_{n-2}$ ohne bzw. mit Anfangsbedingungen $a_0 = 0$, $a_1 = 1$ kann dies so erfolgen:

```
maxima.load('solve_rec')
print maxima('solve_rec(a[n]=5*a[n-1]-6*a[n-2],       a  = %k   3  + %k   2
   a[n])')                                             n     1         2
```
$$a_n = \%k_1\, 3^n + \%k_2\, 2^n$$

```
print maxima('solve_rec(a[n]=5*a[n-1]-6*a[n-2],       a  = 3  - 2
   a[n], a[0]=0, a[1]=1)')                             n
```
$$a_n = 3^n - 2^n$$

Rekursionsgleichungen und Erzeugendenfunktionen Wir betrachten nun eine andere, tatsächlich recht weitreichende Möglichkeit, Rekursionsgleichungen zu lösen. Zu einer gegebenen Folge $(a_n)_{n \geq 0}$ sei $A(z)$ die unendliche Potenzreihe

$$A(z) = a_0 + a_1 z + a_2 z^2 + \cdots = \sum_{n=0}^{\infty} a_n z^n$$

(siehe auch Kap. 12). Solche Potenzreihen werden in der grundlegenden Analysis ausgiebig untersucht, beispielsweise hinsichtlich der Bestimmung des *Konvergenzradius R*, der charakterisiert, für welche z die Reihe konvergiert. Innerhalb des Konvergenzkreises von A können wir A als eine Funktion $z \mapsto A(z)$ interpretieren. $A(z)$ wird daher als *Erzeugendenfunktion* bezeichnet.

Beispiel 6.18
a) Für die konstante Folge $a_n = 1$ für alle $n \geq 0$ kann

$$A(z) = 1 + z + z^2 + z^3 + \cdots = \sum_{n=0}^{\infty} z^n$$

als geometrische Reihe aufgefasst werden. Für $|z| < 1$ konvergiert die geometrische Reihe und es gilt $A(z) = \frac{1}{1-z}$.

b) Für die Erzeugendenfunktion $B(z) = \frac{1}{1-2z}$ gilt analog für $|z| < \frac{1}{2}$

$$B(z) = 1 + (2z) + (2z)^2 + (2z)^3 + \cdots = \sum_{n=0}^{\infty} (2z)^n,$$

und diese Erzeugendenfunktion korrespondiert zur Folge $b_n = 2^n$ für alle $n \geq 0$.

Für zahlreiche Rekursionsgleichungen kann auf die Erzeugendenfunktion geschlossen werden, aus der dann durch analytische Methoden der Koeffizientenentwicklung eine explizite Lösung der Rekursionsgleichung hergeleitet werden kann. Für lineare Rekursionsgleichungen verkörpern die beiden im voranstehenden Beispiel behandelten Typen geometrischer Reihen den Kern dieses Vorgehens.

Wir betrachten hierzu obiges Beispiel,

$$a_n = 5a_{n-1} - 6a_{n-2} \quad \text{mit } a_0 = 0,\, a_1 = 1.$$

Die Potenzreihe hat eine schöne Eigenschaft, die wir an folgenden Gleichungen ablesen können:

$$A(z) = a_0 + a_1 z + a_2 z^2 + a_3 z^3 + a_4 z^4 + a_5 z^5 + \cdots,$$
$$zA(z) = a_0 z + a_1 z^2 + a_2 z^3 + a_3 z^4 + a_4 z^4 + \cdots,$$
$$z^2 A(z) = a_0 z^2 + a_1 z^3 + a_2 z^4 + a_3 z^5 + \cdots.$$

Durch Betrachtung der einzelnen Spalten sieht man, dass in dem Ausdruck $(1 - 5z + 6z^2)A(z)$ aufgrund der Rekursionsbedingung alle Potenzen von z vom Grad mindestens zwei verschwinden:

$$(1 - 5z + 6z^2)A(z) = \sum_{n=0}^{\infty} a_n z^n - 5 \sum_{n=1}^{\infty} a_{n-1} z^n + 6 \sum_{n=2}^{\infty} a_{n-2} z^n.$$

Innerhalb des Konvergenzkreises R, welcher in unserer Situation tatsächlich 1/3 beträgt, folgt unter Zuhilfenahme der grundlegenden Grenzwertsätze der Analysis

$$(1 - 5z + 6z^2)A(z) = 0 + z + \sum_{n=2}^{\infty} (a_n - 5a_{n-1} + 6a_{n-2})z^n = 0 + z + \sum_{n=2}^{\infty} 0 = z.$$

Auflösen nach $A(z)$ liefert $A(z) = \frac{z}{1-5z+6z^2}$.

Im Gegensatz zu Beispiel 6.18 liegt hier kein Ausdruck der Form $\frac{1}{1-cz}$ mit einer Konstanten c vor, sondern eine rationale Funktion mit quadratischem Nenner. Mittels einer Partialbruchzerlegung (siehe Theorem 12.5 in Kap. 12) lässt sich die rationale Funktion $A(z)$ jedoch als Linearkombination zweier rationaler Funktionen der gewünschten Art schreiben. Wir verwenden hierzu den Ansatz

$$\frac{z}{1 - 5z + 6z^2} = \frac{A}{1 - 2z} + \frac{B}{1 - 3z}$$

mit Koeffizienten A, B. Beachten Sie, dass die Nullstellen der Nenner die Kehrwerte der Nullstellen der charakteristischen Gleichung sind. Es folgt

$$A(1 - 3z) + B(1 - 2z) = 1.$$

Koeffizientenvergleich liefert die Bedingungen $A + B = a_0 = 0$ sowie $-3A - 2B = 1$, so dass $A = -1$, $B = 1$. Für $|z| < R$ können wir die rechte Seite in geometrische Reihen entwickeln:

$$A(z) = -\frac{1}{1-2z} + \frac{1}{1-3z} = -\sum_{k \geq 0}(2z)^k + \sum_{k \geq 0}(3z)^k .$$

Durch Koeffizientenvergleich ergibt sich schließlich $a_n = 3^n - 2^n$.

Beispiel 6.19 Wendet man die Methode auf die Fibonacci-Zahlen $f_n = f_{n-1} + f_{n-2}$, $f_0 = 0$, $f_1 = 1$ an, ergibt sich wie in Beispiel 6.17

$$f_n = \frac{1}{\sqrt{5}} \left(\left(\frac{1 + \sqrt{5}}{2} \right)^n - \left(\frac{1 - \sqrt{5}}{2} \right)^n \right) .$$

Anhand dieser Formel kann unmittelbar auf das Wachstum der Fibonacci-Folge geschlossen werden. Wegen $\left| \frac{1-\sqrt{5}}{2} \right| < 1$ und $\frac{1}{\sqrt{5}} < \frac{1}{2}$ gilt für alle $n \geq 1$: f_n ist die der Zahl $\frac{1}{\sqrt{5}} \left(\frac{1+\sqrt{5}}{2} \right)^n$ am nächsten liegende ganze Zahl. Letztere Aussage gilt auch für $n = 0$.

Ein einfaches Beispiel für das Auftreten derartiger Wachstumsfragen liefert etwa folgende rekursive `Sage`-Berechnung der Fibonacci-Zahlen. Durch Deklaration der Variablen `globalcount` innerhalb der Funktion als global wird die Variable in verschiedenen Aufrufen der Funktion nicht jedes Mal neu angelegt, sondern stets auf die gleiche globale Variable zugegriffen.

```
def fib(n):
    global globalcount
    if (n==1 or n==2):
        globalcount = globalcount+1
        return(1)
    return(fib(n-1)+fib(n-2))

globalcount = 0
print fib(6), globalcount                   8, 8
```

Fragen wir uns, wie häufig eine der Initialsituationen $n \in \{1, 2\}$ aufgerufen wird (hier gezählt durch die globale Variable `globalcount`), dann ergibt sich für diese Anzahl induktiv die Gleichheit zu den Fibonacci-Zahlen. Die Zeitkomplexität dieser Fibonacci-Implementierung ist daher exponentiell. Es sei daher darauf hingewiesen, dass eine rekursive Implementierung der Fibonacci-Zahlen bezüglich der Zeitkomplexität ungünstiger ist als eine iterative Implementierung, die sich jeweils die beiden aktuellen Fibonacci-Zahlen merkt.

6.4 Ein spezielles Master-Theorem für Rekursionsgleichungen

Exemplarisch für das Studium von Rekursionsgleichungen betrachten wir nun eine Klasse der Form

$$t(n) = a\,t\left(\frac{n}{c}\right) + bn \tag{6.3}$$

mit Konstanten $a \geq 1$, $c \geq 2$, $b > 0$ und $t(1) = b$. Rekursionsgleichungen dieser und ähnlicher Form treten oft bei der Analyse von *Divide- and conquer*-Verfahren („*Teile und herrsche*") auf: Kann ein Problem der Größe n in a Teilprobleme der Größe n/c zerlegt werden, sind bn Schritte für das Ausführen der Zerlegung notwendig und gilt $t(1) = b$, dann wird die Laufzeit $t(n)$ durch (6.3) beschrieben.

Theorem 6.20 (Spezielles Master-Theorem) *Für $n = c^k$ (mit $k \in \mathbb{N}$) hat die Lösung der Rekursionsgleichung (6.3) das folgende Wachstum:*

$$t(n) \in \begin{cases} \Theta(n) & \text{falls } a < c\,, \\ \Theta(n\log n) & \text{falls } a = c\,, \\ \Theta(n^{\log_c a}) & \text{falls } a > c\,. \end{cases}$$

Beweis Sei $n = c^k$ mit $k \in \mathbb{N}$. Dann gilt

$$t(n) = t(c^k) = at(c^{k-1}) + bc^k = a^2 t(c^{k-2}) + abc^{k-1} + bc^k\,,$$

so dass induktiv ersichtlich ist

$$t(n) = a^k t(c^0) + \sum_{i=0}^{k-1} a^i bc^{k-i} = bn\sum_{i=0}^{k}\left(\frac{a}{c}\right)^i = bn\sum_{i=0}^{\log_c n}\left(\frac{a}{c}\right)^i\,.$$

Fall 1: $a < c$. Da die geometrische Reihe konvergiert, folgt $t(n) \in \Theta(n)$.

Fall 2: $a = c$. In diesem Fall gilt $t(n) = bn(\log_c n + 1) \in \Theta(n\log n)$, da sich die Logarithmen zu verschiedenen Basen nur um eine Konstante voneinander unterscheiden.

Fall 3: $a > c$. Wir formen die geometrische Reihe um zu

$$t(n) = bn\frac{\left(\frac{a}{c}\right)^{\log_c n+1} - 1}{\frac{a}{c} - 1} \in \Theta\left(n\left(\frac{a}{c}\right)^{\log_c n}\right)\,.$$

Wegen

$$n\left(\frac{a}{c}\right)^{\log_c n} = a^{\log_c n} = n^{\log_n\left(a^{\log_c n}\right)} = n^{\log_c n \log_n a} = n^{\log_c a}$$

folgt die Behauptung. $\qquad\qquad\square$

Die Aussage gilt auch für andere konstante positive Werte von $t(1)$, da sich das Wachstum dann nur um einen konstanten Faktor unterscheidet.

Es existieren verallgemeinerte Versionen der Aussage, beispielsweise können wie in nachstehender Aufgabe Gleichungen der Form $t(n) = at(n/c) + f(n)$ mit einer Funktion f betrachtet werden. Die Aussage zur allgemeinen Lösung einer solchen Gleichung wird oft *Master-Theorem* genannt.

Übung 6.21 (Master-Theorem) Sei $a \geq 1$, $c \geq 2$, $d \geq 0$ und $t(n)$ durch die Rekursion

$$t(n) = at\left(\frac{n}{c}\right) + f(n) \text{ für } n > 1, \quad t(1) = d$$

mit einer Funktion $f : \mathbb{N} \to \mathbb{R}_+$ gegeben. Für $n = c^k$ (mit $k \in \mathbb{N}$) wächst $t(n)$ asymptotisch gemäß

$$t(n) \in \begin{cases} \Theta(n^\alpha) = \Theta(f(n)) & \text{falls } f(n) \in \Theta(n^\alpha) \text{ mit } a < c^\alpha, \\ \Theta(n^{\log_c a} \log n) & \text{falls } f(n) \in \Theta(n^\alpha) \text{ mit } a = c^\alpha, \\ \Theta(n^{\log_c a}), & \text{falls } f(n) \in \Theta(n^\alpha) \text{ mit } a > c^\alpha. \end{cases}$$

6.5 Die Ackermann-Funktion

Als Beispiel für eine rekursive Funktionsdefinition komplizierterer Bauart betrachten wir das Beispiel der *Ackermann-Funktion* $A : \mathbb{N}_0 \times \mathbb{N}_0 \to \mathbb{N}$. Die auf W. Ackermann (1926) zurückgehende Funktion ist definiert als

$$A(m,n) = \begin{cases} n+1 & \text{falls } m = 0, \\ A(m-1, 1) & \text{falls } m > 0, n = 0, \\ A(m-1, A(m, n-1)) & \text{falls } m > 0, n > 0. \end{cases}$$

Wir werfen einen ersten Blick auf die Wertetabelle für sehr kleine Werte von m und n.

$m \backslash n$	0	1	2	3	4	5
0	1	2	3	4	5	6
1	2	3	4	5	6	7
2	3	5	7	9	11	13
3	5	13	29	61	125	253

Die initiale Zeile zu $m = 0$ ergibt sich direkt aus der Definition. Für die Elemente der darunterliegende Zeile gilt $A(1,0) = A(0,1) = 2$ sowie für $n > 0$: $A(1,n) = A(0, A(1, n-1))$. Insbesondere ist also $A(1,1) = (0, A(1,0)) = A(0,2) = 3$.

Bereits für moderate Werte von m und n nimmt die Ackermann-Funktion extrem große Werte an. Es gilt (vergleiche Übungsaufgabe 8):

$$A(0,n) > n\,, \quad A(1,n) > n + 1\,, \quad A(2,n) > 2n\,, \quad A(3,n) > 2^n\,,$$

$$A(4,2) = 2^{2^{2^2}} - 3 = 2^{65.536} - 3\,, \quad A(4,3) = 2^{2^{65.536}} - 3\,,$$

$$A(4,4) = 2^{2^{2^{65.536}}} - 3\,.$$

Mit den großen Werten ist auch eine hohe Anzahl an Rechenschritten zur Berechnung von $A(m,n)$ verbunden. Exemplarisch betrachten wir die Berechnung von $A(1,3)$:

$$\begin{aligned} A(1,3) &= A(0, A(1,2)) = A(0, A(0, A(1,1))) = A(0, A(0, A(0, A(1,0)))) \\ &= A(0, A(0, A(0, A(0,1)))) = A(0, A(0, A(0,2))) = A(0, A(0,3)) \\ &= A(0,4) = 5\,. \end{aligned}$$

A priori ist nicht offensichtlich, dass die Rekursion terminiert, also nach endlich vielen Schritten einen Wert zurückliefert; dies wird nachstehend bewiesen.

Theorem 6.22 *Für alle $m, n \in \mathbb{N}_0$ terminiert die Rekursion zur Berechnung von $A(m,n)$.*

Mittels folgender Hilfsaussage führen wir das Theorem auf die Behandlung der Ackermann-Funktion mit nur einem variablen Argument zurück.

Lemma 6.23 *Sei $m \in \mathbb{N}_0$ fest gewählt. Terminiert für jedes $k \in \{0, \ldots, m\}$ und jedes $n \in \mathbb{N}_0$ die Rekursion für $A(k,n)$, dann terminiert auch die Rekursion für $A(m+1,n)$ für alle $n \in \mathbb{N}_0$.*

Beweis Wir fixieren $m \in \mathbb{N}_0$ und führen den Beweis durch Induktion nach n. Für den Induktionsanfang $n = 0$ gilt nach Definition $A(m+1,0) = A(m,1)$. Mit der Voraussetzung des Lemmas ergibt sich die Behauptung.

Induktionsannahme: Die Rekursion für $A(m+1,l)$ terminiert für alle $l \leq n$.

Induktionsschluss (auf $n+1$): Zur Berechnung von $A(m+1,n+1)$ ist die Berechnung von $A(m, A(m+1,n))$ erforderlich. Nach Induktionsvoraussetzung terminiert die Rekursion für $A(m+1,n)$. Mit der Bezeichnung $p := A(m+1,n)$ genügt es schließlich zu beobachten, dass die Rekursion für $A(m,p)$ nach Voraussetzung des Lemmas terminiert. □

Beweis (von Theorem 6.22) Den Beweis der Hauptaussage führen wir nun durch eine Induktion über m. Im Fall $m = 0$ erfolgt unabhängig von n nur ein Aufruf.

Induktionsvoraussetzung: Die Behauptung sei richtig für den Index m und alle $n \in \mathbb{N}_0$.

Induktionsschluss ($m \to m+1$): Nach dem voranstehenden Lemma 6.23 impliziert die Richtigkeit der Aussage für den Index m auch die Richtigkeit der Aussage für den Index $m+1$. □

Da der Induktionsschluss von Theorem 6.22 mittels Lemma 6.23 durch eine weitere Induktion bewiesen wird, spricht man auch von einer *doppelten Induktion*.

Bemerkung 6.24 Einen fokussierten Blickwinkel auf die ausgeführte Induktion bietet die Beobachtung, dass die zur Berechnung von $A(m, n)$ erforderlichen rekursiven Aufrufe das Paar (m, n) in der *lexikographischen Ordnung* auf Paaren verkleinern. Hierbei wird bei der lexikographischen Ordnung – wie in einem Lexikon – zunächst nach der ersten Komponente und dann nach der zweiten sortiert.

Experimentieren Sie mit nachfolgendem `Sage`-Code und kleinen Werten für m, n. Wie viele Dezimalstellen hat $A(m, n)$, und wie lange dauert die Berechnung jeweils? In welchen Fällen erhalten Sie die Meldung von `Sage`, dass die zulässige Rekursionstiefe überschritten wird?

```
def ackermann(m,n):
    if (m==0): return(n+1)
    if (n==0): return(ackermann(m-1,1))
    return(ackermann(m-1, ackermann(m,n-1)))
ackermann(1,3)                                            5
```

Aufgrund des extrem starken Wachstums können mit der Ackermann-Funktion die Grenzen grundlegender algorithmischer Berechnungsmodelle der theoretischen Informatik aufgezeigt werden.

6.6   Sortieren

Anhand des algorithmischen Grundproblems des Sortierens einer mit einer Ordnung versehenen Menge lassen sich wichtige algorithmische Prinzipien und rekursive Techniken illustrieren, die auch als Anwendung der vorgestellten Techniken zum Lösen von Rekursionsgleichungen betrachtet werden können. Zur Begriffsbildung fügen wir zunächst zu den aus Abschn. 2.4 bekannten Eigenschaften für binäre Relationen einige weitere hinzu.

▶ **Definition 6.25** Eine binäre Relation R auf einer Menge A heißt

- *antisymmetrisch*, falls aus $(a, b) \in R$ und $(b, a) \in R$ die Eigenschaft $a = b$ folgt.
- *(partielle) Ordnung*, falls R eine reflexive, antisymmetrische und transitive Relation auf A ist.

Eine Ordnung auf einer Menge A heißt *lineare* oder *vollständige* Ordnung auf A, wenn für alle $a, b \in A$ gilt $(a, b) \in R$ oder $(b, a) \in R$.

Beispiel 6.26 Die gewöhnliche $\leq$-Relation definiert eine vollständige Ordnung auf der Menge $\mathbb{Z}$. Die Teilmengenrelation definiert eine partielle (aber nicht vollständige) Ordnung auf der Menge aller Teilmengen von $\mathbb{Z}$.

Übung 6.27 Jede partielle Ordnung auf einer endlichen Menge kann zu einer vollständigen Ordnung erweitert werden. Für Leserinnen und Leser mit Hintergrund zum Zornschen Lemma sei angemerkt, dass die Aussage auch im unendlichen Fall gezeigt werden kann.

Sei M eine endliche Menge mit n Elementen und versehen mit einer Ordnung $\leq$. Unter dem *Sortieren von M* versteht man, die Elemente von M so anzuordnen, dass sie bezüglich der Ordnung $\leq$ eine nicht-fallende Folge bilden. Die Eingabe und Ausgabe eines Sortieralgorithmus auf der Menge M kann daher wie folgt formalisiert werden.

> **Eingabe** : Eine Folge von n Elementen $a_1, \ldots, a_n \in M$
> **Ausgabe** : Eine Permutation $(a'_1, \ldots, a'_n)$ der Eingabefolge, so dass
> $$a'_1 \leq a'_2 \leq \cdots \leq a'_n$$

Das Problem des Sortierens einer endlichen Menge bildet ein wichtiges Grundproblem der Algorithmentheorie. In der Regel ist die Grundmenge die Menge $\mathbb{Z}$ oder die Menge $\mathbb{R}$. Wir begnügen uns hier darauf, unter den vielen existierenden Algorithmen zwei wichtige rekursive Verfahren zu beschreiben: *Quicksort* und *Sortieren durch Mischen*.

Quicksort Der nachfolgend beschriebene Quicksort-Algorithmus ist der wohl am häufigsten angewandte Sortieralgorithmus. Die auf C.A.R. Hoare (1960) zurückgehende Idee des Algorithmus setzt das bereits in Abschn. 6.4 erwähnte „Teile und herrsche"-Prinzip um.

Gegeben sei eine Folge $a_1, \ldots, a_n$ von Elementen aus M. Der Einfachheit halber gehen wir davon aus, dass alle Elemente verschieden seien. Wir wählen zunächst ein Element a_r der Folge und bestimmen

1. alle Elemente x der Folge mit der Eigenschaft $x < a_r$,
2. alle Elemente x der Folge mit der Eigenschaft $x > a_r$.

Rekursiv sortiert man nun die beiden dadurch bestimmten Teilfolgen nach dem gleichen Prinzip, bis man bei trivialen Teilproblemen angelangt ist.

Das Beste, was bei Quicksort passieren könnte, ist, dass durch jede Zerlegung das Feld genau halbiert wird. Dann würde die Anzahl C_n der von Quicksort benötigten Vergleiche im Fall n gerade der Rekursionsbeziehung $C_n = 2C_{\frac{n}{2}} + n$ genügen. Dabei ist $2C_{\frac{n}{2}}$ der Aufwand für das Sortieren der zwei halbierten Felder und n der Aufwand für die Zerlegung. Mit Satz 6.20 folgt dann – unter der Voraussetzung der Halbierung in jedem Fall – $C_n \in O(n \log n)$.

In nachfolgendem Sage-Programmstück wird eine zu sortierende Liste L an die Funktion qsort übergeben. Aus einer Liste L lassen sich mittels L[i:j] die mit $i, j+1, \ldots, i+j-1$ indizierten Elemente extrahieren, und verkürzend mit L[i:] und L[:j] die ab zum Index i bzw. bis zum Index $j-1$ indizierten Elemente. Zwei Listen lassen sich mit der Operation + verketten.

```
def qsort(L):
    if L == []: return L # Abbruch im Fall einer leeren Liste
    ar = L[0]
    L1 = [ x for x in L[1:] if x < ar ]
    L2 = [ x for x in L[1:] if x >= ar ]
    return qsort(L1) + [ar] + qsort(L2)
qsort([9,7,3,1,4])                                    [1, 3, 4, 7, 9]
```

In Übungsaufgabe 10 wird gezeigt, dass die erwartete Laufzeit von Quicksort $O(n \log n)$ beträgt, wenn das Referenzelement jeweils zufällig bestimmt wird.

Sortieren durch Mischen Wir geben nun ein Verfahren an, mit dem n Zahlen stets in der Zeit $O(n \log n)$ sortiert werden können.

Theorem 6.28 *Das Sortieren von n Zahlen ist in $O(n \log n)$ Schritten möglich.*

Beweis Ohne Einschränkung sei n eine Zweierpotenz und die Zahlen der Folge $A = (a_1, \ldots, a_n)$ paarweise verschieden. Wir betrachten das in Algorithmus 3 angegebene Sortieren durch Mischen, das ebenfalls auf dem „Teile und herrsche"-Prinzip beruht.

Algorithmus 3 (Sortieren durch Mischen)

1 **Aufteilen.** Die Folge A wird in zwei Teilfolgen $A_1 = (a_1, \ldots, a_{n/2})$, $A_2 = (a_{n/2+1}, \ldots, a_n)$ zerlegt.
2 **Rekursion.** Jede der beiden Teilfolgen wird rekursiv mit der gleichen Methode sortiert. Seien B_1 und B_2 die beiden resultierenden sortierten Teilfolgen.
3 **Mischen.** Die beiden sortierten Folgen B_1 und B_2 werden zu einer sortierten Gesamtfolge für die Folge A zusammengefügt.

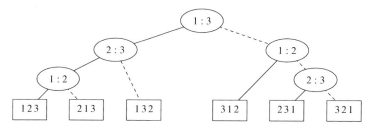

Abb. 6.3 Ein Knoten $i : j$ in dem Suchbaum steht für „$a_i < a_j$?", eine durchgezogene Kante visualisiert eine „Ja"-Kante, und eine gestrichelte Kante visualisiert eine „Nein"-Kante

Die Laufzeit $t(n)$ des Sortierens durch Mischen lässt sich rekursiv durch

$$t(n) \leq 2t\left(\frac{n}{2}\right) + bn$$

mit einer Konstanten $b > 0$ abschätzen. Durch Anwendung des Master-Theorems auf die zugrundeliegende Rekursionsgleichung erhalten wir die obere Schranke für das Sortieren. □

Tatsächlich gilt, dass kein Algorithmus, der lediglich auf dem Vergleich von Zahlen als Elementarschritt beruht, eine asymptotisch bessere Laufzeit haben kann. Dies lässt sich durch ein *Entscheidungsbaummodell* beweisen. Wir erhalten so eine asymptotisch exakte Abschätzung für die *Laufzeitkomplexität des Sortierproblems*, das heißt, der Laufzeitkomplexität eines besten Algorithmus für das Sortierproblem.

Theorem 6.29 *Das vergleichsbasierte Sortieren von n Zahlen hat die Komplexität* $\Theta(n \log n)$.

Beweis Wir können die durch einen vergleichsbasierten Algorithmus ausgeführten Vergleiche als Knoten eines (gerichteten) binären *Entscheidungsbaumes* betrachten. Die beiden von einem Knoten „$a_i \leq a_j$?" ausgehenden Kanten sind mit den Wahrheitswerten wahr und falsch bezeichnet, und der weitere Ablauf der auszuführenden Vergleiche kann in den beiden Teilbäumen unterschiedlich sein, siehe Abb. 6.3. Jedem Knoten ohne ausgehende Kanten („Blätter") ist eine Permutation der n Zahlen zugeordnet. Da es mindestens $n!$ viele Blätter geben muss, genügt es zu zeigen, dass ein solcher binärer Entscheidungsbaum mindestens die Tiefe $\Theta(n \log n)$ haben muss, wobei die Tiefe $h(T)$ eines Baumes T als das Maximum aller Pfadlängen zu den Blättern definiert ist.

Da ein gerichteter binärer Baum der Tiefe höchstens k maximal 2^k Blätter besitzt, gilt für den Entscheidungsbaum $2^{h(T)} \geq n!$, so dass $h(T) \geq \lfloor \log n! \rfloor$. Mit Hilfe der asymptotischen Stirling-Formel für die Fakultätsfunktion, $n! \sim \sqrt{2\pi n}\left(\frac{n}{e}\right)^n$ ergibt sich

$$h(T) \geq \log_2 n! \in \Theta(n \log n).$$ □

6.7 Übungsaufgaben

1. Zeigen Sie:
   (a) Ist $g \in O(f)$, dann gilt $O(g) \subseteq O(f)$.
   (b) Aus $g_1 \in O(f_1)$ und $g_2 \in O(f_2)$ folgt $g_1 + g_2 \in O(f_1 + f_2)$ und $g_1 \cdot g_2 \in O(f_1 \cdot f_2)$.

2. Liegen die folgenden Funktionen in $O(n)$?
   (a) $f(n) = 4 \cdot \sqrt{n}$,   (b) $f(n) = n \cdot \sqrt{n}$,
   (c) $f(n) = n + 5\ln(n)$,   (d) $f(n) = n \cdot \sin(n)$.

3. Finden Sie das kleinste $b \in \mathbb{N}$ mit $f(n) \in O(n^b)$.
   (a) $f(n) = 4\ln(n) + \dfrac{n\cos(n)}{2}$,   (b) $f(n) = \dfrac{4n^3}{n+1}$,
   (c) $f(n) = (n+1)^2 + \sqrt{n}(100n + \ln(n))$,   (d) $f(n) = n^2\sqrt{n} + (\log_{10}(n))^2$.

4. Sei a_n die Anzahl der binären Zeichenfolgen (also aus Nullen und Einsen bestehenden Zeichenfolgen), die keine zwei aufeinanderfolgenden Nullen enthalten. Zeigen Sie $a_n = a_{n-1} + a_{n-2}$ für $n \geq 3$ und ermitteln Sie daraus eine Ausdruck für a_n.

5. Die Lukas-Zahlen L_m sind definiert durch $L_1 = 1$, $L_2 = 3$ sowie $L_n = L_{n-1} + L_{n-2}$ für $n \geq 3$. Bestimmen Sie einen expliziten Ausdruck für L_n.

6. Sei $(f_n)_{n \in \mathbb{N}_0}$ die Folge der Fibonacci-Zahlen.
   a. Für $m \geq 2$ betrachte man die durch $x_n := f_n \mod m$ definierte Folge (x_n) der ganzzahligen Reste der Fibonacci-Zahlen modulo m. Zeigen Sie: Es gibt ein $l \in \mathbb{N}$ mit $x_{n+l} = x_n$ für alle $n \in \mathbb{N}_0$.
   b. Wie groß kann die „Zykluslänge" l aus (a) maximal sein?
   c. Berechnen Sie mit Sage die Zykluslänge für $m = 10$. Wie oft kommen die Ziffern $0, \dots, 9$ in einem Zyklus vor?

7. Sei D_n die Anzahl der Unordnungen (Derangements) einer n-elementigen endlichen Menge.
   a. Zeigen Sie die Rekursionsbeziehung

$$D_n = (n-1)(D_{n-1} + D_{n-2}) \quad \text{für } n \geq 2. \tag{6.4}$$

   Hinweis: Unterscheiden Sie die Fälle, dass das erste mit einem anderen Element in der Unordnung vertauscht ist bzw. dass dies nicht der Fall ist.
   b. Zeigen Sie durch vollständige Induktion $D_n - nD_{n-1} = (-1)^n$ für $n \geq 2$. Folgern Sie daraus die bereits früher hergeleitete Formel $D_n = n! \sum_{k=0}^{n} \frac{(-1)^k}{k!}$.
   Anmerkung: Interessanterweise gilt die Rekursion (6.4) der Derangements in gleicher Weise auch für die Fakulät, $n! = (n-1)((n-1)! + (n-2)!)$, die Startwerte sind jedoch verschieden: $D_1 = 0$, $D_2 = 1$, während $1! = 1$, $2! = 2$.

8. Beweisen Sie die folgenden Ungleichungen für die Ackermann-Funktion.
   (a) $A(0, n) > n$,   (b) $A(1, n) > n + 1$,
   (c) $A(2, n) > 2n$,   (d) $A(3, n) > 2^n$.

9. Zeigen Sie folgende Eigenschaften der Ackermann-Funktion für $m, n \in \mathbb{N}_0$:
   (a) $A(m, n) > n$,   (b) $A(m, n + 1) > A(m, n)$,
   (c) $A(m + 1, n) \geq A(m, n + 1)$,   (d) $A(m + 1, n) > A(m, n)$.

10. Die durchschnittliche Anzahl von Vergleichen in Quicksort auf n Elementen in zufälliger Reihenfolge genüge der Rekursionsungleichung

$$C_0 = 0, \quad C_n = n - 1 + \frac{2}{n} \sum_{k=0}^{n-1} C_k \text{ für } n > 0.$$

Zeigen Sie mittels vollständiger Induktion, dass gilt:

$$C_n = 2(n + 1) \sum_{k=0}^{n-1} \frac{k}{(k + 1)(k + 2)}.$$

11. Zu $a, b, c \in \mathbb{R}^2$ betrachten wir das Dreieck (a, b, c) sowie (rekursiv) die drei Dreiecke

$$\left(a, \frac{a + b}{2}, \frac{a + c}{2}\right), \left(b, \frac{a + b}{2}, \frac{b + c}{2}\right), \left(c, \frac{a + c}{2}, \frac{b + c}{2}\right).$$

(„Sierpinski-Dreieck"). Nachfolgendes Sage-Programm visualisiert diese Rekursion bis zu einer gegebenen Rekursionstiefe n. In der Abb. ist $n = 5$.

```
def half(x,y): return([(x[0]+y[0])/2,(x[1]+y[1])/2])
def sier(n,a,b,c):
    global G
    G = G + line([a,b,c,a],
        rgbcolor = (1,0,0))
    if (n > 0):
        sier(n-1,a,half(a,b),half(a,c))
        sier(n-1,b,half(a,b),half(b,c))
        sier(n-1,c,half(a,c),half(b,c))
G = Graphics()
sier(5,[0.0,0.0], [1.0,0.0], [1/2,sqrt(3)/2])
show(G, aspect_ratio = 1, axes = False)
```

Entwickeln Sie aus der in Übung 6.9 angegebenen Darstellung des Hanoi-Graphen ein Programm zur Gewinnung der Sierpinski-Dreiecks.

6.8   Anmerkungen

Die Bezeichnung Algorithmus geht aus einer Abwandlung des Namens von Muhammed
al-Chwarizmi (etwa 783–850) hervor, dessen arabisches Lehrbuch „Über das Rechnen
mit indischen Ziffern" in einer späteren lateinischen Übersetzung mit den Worten *Dixit
Algorismi* („Algorismi hat gesagt") beginnt.

Eine umfassende Einführung in die Theorie der Algorithmen findet sich in dem Buch
von Cormen, Leiserson, Rivest und Stein [CLRS07]. Für weiterführende mathematisch-
geometrische Algorithmen verweisen wir auf das Buch von Joswig und Theobald [JT08].
Eine reichhaltige Fundgrube mit vertiefenden Techniken zum Lösen von Rekursionsgleichungen bietet das Buch von Graham, Knuth und Patashnik [GKP94].

Zur Bedeutung der Ackermann-Funktion für die Grenzen algorithmischer Berechnungsmodelle siehe etwa das einführende Buch von Schöning [Sch03]. Im entsprechenden
Fachvokabular bildet die Ackermann-Funktion ein Beispiel für eine berechenbare Funktion, die nicht primitiv rekursiv ist.

Für weitere Untersuchungen zu den mathematischen Grundlagen des Suchens und Sortierens verweisen wir auf das Buch von Aigner [Aig06].

Literatur

[Aig06]   AIGNER, M.: *Diskrete Mathematik.* 6. Auflage. Vieweg, Wiesbaden, 2006

[CLRS07] CORMEN, T.H. ; LEISERSON, C.E. ; RIVEST, R.L. ; STEIN, C.: *Algorithmen – Eine
          Einführung.* 2. Auflage. München : Oldenbourg, 2007

[GKP94]   GRAHAM, R.L. ; KNUTH, D.E. ; PATASHNIK, P.: *Concrete Mathematics.* Addison Wes-
          ley Longman, Amsterdam, 2. Auflage, 1994

[JT08]   JOSWIG, M. ; THEOBALD, T.: *Algorithmische Geometrie: Polyedrische und algebrai-
          sche Methoden.* Vieweg, Wiesbaden, 2008

[Sch03]   SCHÖNING, U.: *Theoretische Informatik kurzgefasst.* Spektrum Akademischer Verlag,
          Heidelberg, 2003

Grundlegende mathematische Algorithmen

7

Anhand einiger grundlegender Berechnungsprobleme soll in diesem Kapitel ein Verständnis für mathematische Algorithmen gewonnen werden. Das Zusammenspiel von strukturellen Aussagen, algorithmischen Umsetzungen und experimentellen Aspekten wird demonstriert.

Wir betrachten hierzu die Multiplikation zweier Zahlen, die Berechnung des größten gemeinsamen Teilers, die numerische Bestimmung von Quadratwurzeln sowie die numerische Bestimmung einer Nullstelle einer Funktion.

7.1 Wie multipliziert ein Computer?

Wir beginnen mit der grundlegenden Frage, wie computerintern die Grundrechenarten, insbesondere die Multiplikation, realisiert werden. Jede natürliche Zahl z kann bezüglich einer vorgegebenen Basis $B \in \{2, 3, \ldots\}$ dargestellt werden,

$$z = z_{n-1}B^{n-1} + z_{n-2}B^{n-2} + \cdots + z_1 B + z_0$$

mit $n \in \mathbb{N}$ und *Ziffern* $z_i \in \{0, 1, \ldots, B - 1\}$, $0 \le i \le n - 1$. Wird n minimal gewählt, dann ist diese Darstellung eindeutig. Zu den gängigsten Zahlensystemen gehören das *Dezimalsystem* ($B = 10$) und das *Binärsystem* ($B = 2$). In der Regel rechnen Computer im Binärsystem. Ziel ist es nun, die Grundrechenarten für Zahlen auf der Grundlage „elementarer" Operationen (auf Ziffern) zu realisieren, bei möglichst geringem Rechenaufwand. Der Einfachheit halber betrachten wir das Dezimalsystem; die Verfahren übertragen sich jedoch unmittelbar auf Zahlensysteme bezüglich anderen Basen.

Für die Addition zweier n-stelliger natürlicher Zahlen kann die Schulmethode verwendet werden. Man beginnt bei der letzten Stelle, addiert die entsprechenden Ziffern und führt gegebenenfalls einen Übertrag in die nächste Position. Für die Addition zweier Dezimalzahlen der Länge n benötigt man genau n Additionen jeweils zweier Ziffern so-

© Springer Fachmedien Wiesbaden 2016
T. Theobald, S. Iliman, *Einführung in die computerorientierte Mathematik mit Sage*,
Springer Studium Mathematik – Bachelor, DOI 10.1007/978-3-658-10453-5_7

wie höchstens n Übertragsoperationen. Die Laufzeit beträgt daher $O(n)$. Bei geeigneter
Codierung des Vorzeichens einer ganzen Zahl kann auch die Subtraktion in Zeit $O(n)$
realisiert werden.

Bereits bei der Multiplikation zweier Zahlen wird die Frage nach schnellen Algorithmen sehr viel herausfordernder. Mit der Schulmethode der Multiplikation kann das
Problem gemäß des Distributivgesetzes auf die Multiplikationen einzelner Ziffern zurückgeführt werden.

Beispiel 7.1 Aufgrund des Distributivgesetzes gilt

$$2357 \cdot 2468 = 2357 \cdot 2000 + 2357 \cdot 400 + 2357 \cdot 60 + 2357 \cdot 8.$$

Bei der Schulmethode wird das wie folgt notiert:

```
2  3  5  7     ·        2  4  6  8
_____
            4  7  1  4
            9  4  2  8
         1  4  1  4  2
         1  8  8  5  6
_____
         5  8  1  7  0  7  6
```

Es sind also die Teilprobleme $2357 \cdot 2$, $2357 \cdot 4$, $2357 \cdot 6$ und $2357 \cdot 8$ zu lösen sowie
eine stellengerechte Addition der Ergebnisse auszuführen.

Für zwei gegebene n-stellige Dezimalzahlen gilt: Jedes der Teilprobleme, bei dem eine
n-stellige Zahl mit einer Ziffer multipliziert wird, kann mit $O(n)$ Elementaroperationen
auf Ziffern gelöst werden. Die Berechnung des Produkts zweier n-stelliger natürlicher
Zahlen kann mit der Schulmethode daher in Zeit $O(n^2)$ bewerkstelligt werden. Im Folgenden sehen wir, dass es im Sinne der asymptotischen Laufzeit bessere Verfahren zur
Multiplikation gibt.

Wir betrachten zunächst eine Idee zur Anwendung des „Teile und herrsche"-Prinzips.
Seien a und b zwei n-stellige Dezimalzahlen. Ohne Einschränkung gehen wir davon aus,
dass beide Zahlen die gleiche Länge haben und dass n eine Zweierpotenz ist. Ansonsten
werden die Zahlen geeignet mit Nullen aufgefüllt. Wir betrachten die Zerlegung von a
und b in jeweils gleich lange Teile,

$$a = u \cdot 10^{n/2} + v \quad \text{und} \quad b = w \cdot 10^{n/2} + x \qquad (7.1)$$

mit $\frac{n}{2}$-stelligen Zahlen u, v, w, x. Das Produkt $a \cdot b$ kann dann rekursiv durch

$$a \cdot b = uw \cdot 10^n + (ux + vw) \cdot 10^{n/2} + vx \qquad (7.2)$$

berechnet werden.

Beispiel 7.2 Im obigen Beispiel $2357 \cdot 2468$ ergibt sich

$$
\begin{aligned}
2357 \cdot 2468 &= (23 \cdot 100 + 57) \cdot (24 \cdot 100 + 68) \\
&= 23 \cdot 24 \cdot 10^4 + (23 \cdot 68 + 57 \cdot 24) \cdot 100 + 57 \cdot 68 \\
&= 5.520.000 + 293.200 + 3876 \\
&= 5.817.076 \,.
\end{aligned}
$$

Die Berechnung des Produkts zweier n-stelliger Zahlen wird also auf vier Multiplikationen von $\frac{n}{2}$-stelligen Zahlen zurückgeführt. Die Additionen sowie Verschiebungen im Stellensystem für diese Rückführung können in linearer Laufzeit $O(n)$ erfolgen. Folglich genügt die Laufzeit $t(n)$ der Rekursionsgleichung

$$
t(n) \; = \; t(2^k) \; = \; 4t(2^{k-1}) + C \cdot 2^k
$$

mit einer Konstanten C sowie der Anfangsbedingung $t(1) = 1$. Nach Theorem 6.20 ergibt sich $t(n) = O(n^2)$, so dass asymptotisch die gleiche Laufzeit wie bei der Schulmethode vorliegt.

Der im Folgenden diskutierte *Algorithmus von Karatsuba* (1962) spart in dem rekursiven Aufteilungsschritt eine Multiplikation ein und führt auf eine bessere asymptotische Laufzeit. Seien wie zuvor a und b zwei n-stellige Zahlen und n eine Zweierpotenz. Ausgehend von der gleichen Zerlegung wie in (7.1) modifiziert der Algorithmus die rekursive Berechnung (7.2). Die veränderte Berechnung beruht auf der Identität

$$
u \cdot x + v \cdot w \; = \; u \cdot w + v \cdot x + (u - v) \cdot (x - w) \,,
$$

die nicht nur Additionen, sondern auch eine Subtraktionen benutzt. Hiermit gilt

$$
a \cdot b \; = \; u \cdot w \cdot 10^n + (u \cdot w + v \cdot x + (u - v) \cdot (x - w)) \cdot 10^{n/2} + v \cdot x \,.
$$

Die Teilmultiplikationen $u \cdot w$ und $v \cdot x$ können also doppelt verwendet werden, so dass für die rekursive Rückführung nur drei verschiedene Produkte benötigt werden. Für die Laufzeit $t(n)$ des Verfahrens ergibt sich

$$
t(n) \; = \; 3t(n/2) + C \cdot n \,, \quad t(1) = 1
$$

und nach Satz 6.20 damit $t(n) \in O(n^{\log_2 3}) \subseteq O(n^{1,585})$.

Theorem 7.3 *Die Laufzeit des Karatsuba-Algorithmus zur Multiplikation zweier n-stelliger Dezimalzahlen beträgt $O(n^{\log_2 3}) \subseteq O(n^{1,585})$.*

In Abschn. 8.3 werden wir Techniken zur Multiplikation von *Polynomen* kennenlernen, auf deren Basis Multiplikationsalgorithmen für ganze Zahlen existieren, die die asymptotische Laufzeitschranke aus Theorem 7.3 unterbieten.

Beispiel 7.4 Ist a eine sehr große Zahl, dann hat a^2 in der Dual- bzw. der Dezimaldarstellung etwa die doppelte Anzahl von Stellen wie a. Wir bestimmen mit dem `timeit`-Kommando in `Sage` die Zeiten für die Multiplikation zweier großer Zahlen a und b sowie die Zeiten für die Multiplikation der Zahlen a^2 und b^2.

```
a  =  1234567^2345678
b  =  1234567^2345678-1
t1 = timeit('a*b')          5 loops, best of 3: 489 ms per loop
a2 = a^2
b2 = b^2
t2 = timeit('a2*b2')        5 loops, best of 3: 914 ms per loop
```

Bei der Verwendung des Karatsuba-Algorithmus ist der Quotient der Anzahl der Elementarmultiplikationen nach Theorem 7.3 in der Theorie etwa 3. In der praktischen Messung sind noch die Effekte der weiteren ausgeführten Operationen zu berücksichtigen, einschließlich des Zeitbedarfs für erforderliche Initialisierungen in dem Verfahren.

Anmerkung 7.5 Die Division natürlicher Zahlen kann in der gleichen asymptotischen Laufzeit wie die Multiplikation zweier natürlicher Zahlen realisiert werden.

7.2   Größte gemeinsame Teiler

Der *größte gemeinsame Teiler* (ggT) zweier oder mehrerer von Null verschiedener ganzer Zahlen ist die größte natürliche Zahl, die die gegebenen Zahlen ohne Rest teilt. Für zwei Zahlen $a, b \in \mathbb{Z} \setminus \{0\}$ kann ggT(a, b) mit dem *euklidischen Algorithmus* bestimmt werden, der zu den ältesten bekannten Rechenverfahren gehört. Der Algorithmus war bereits dem griechischen Gelehrten Eudoxus von Knidos (um 375 v. Chr.) bekannt und ist im Band VII der „Elemente" von Euklid (um 300 v. Chr.) beschrieben. Er ist von fundamentaler Bedeutung und kommt in vielen Rechenprozeduren zur Anwendung. Wir betrachten hier nicht nur die Frage, wie der ggT effizient berechnet werden kann, sondern auch die Frage, inwiefern sich der ggT durch die beiden Eingabezahlen ausdrücken lässt.

Als Vorbemerkung weisen wir auf die grundsätzliche Möglichkeit zur Berechnung des größten gemeinsamen Teilers hin, a und b in Primfaktoren zu zerlegen. Seien $p_1, \ldots, p_r$ die Primzahlen, die in a oder b als Teiler enthalten sind. Dann gibt es Zahlen $e_1, \ldots, e_r$, $f_1, \ldots, f_r \in \mathbb{N}_0$, so dass $|a| = p_1^{e_1} \cdots p_r^{e_r}$, $|b| = p_1^{f_1} \cdots p_r^{f_r}$. Die gemeinsamen Teiler von a und b sind dann von der Gestalt $z = \pm p_1^{g_1} \cdots p_r^{g_r}$ mit $g_i \in \{0, \ldots, m_i\}$, $m_i = \min\{e_i, f_i\}$, und der größte gemeinsame Teiler von a und b ist $d = p_1^{m_1} \cdots p_r^{m_r}$. Diese Überlegung macht davon Gebrauch, dass man ganze Zahlen in eindeutiger Weise in Primfaktoren zerlegen kann. Vom algorithmischen Standpunkt ist das Vorgehen nicht befriedigend, da die Zerlegung großer Zahl in ihre Primfaktoren sehr rechenaufwendig ist.

Beim euklidischen Algorithmus wird anders vorgegangen; der Algorithmus beruht auf der Division mit Rest: Zu ganzen Zahlen $a, b \neq 0$ existieren Zahlen $m, r \in \mathbb{Z}$ mit

$$a = mb + r \text{ und } 0 \leq r < |b| \,.$$

Der euklidische Algorithmus lässt sich nun gemäß Algorithmus 4 formalisieren.

Algorithmus 4 (Euklidischer Algorithmus)

Eingabe : $a, b \in \mathbb{Z} \setminus \{0\}$
Ausgabe : $r_{j-1} = \mathrm{ggT}(a, b)$
1 Setze $r_{-1} \leftarrow a; r_0 \leftarrow b$
2 Bestimme durch Division mit Rest sukzessive $r_1, \ldots, r_{j-1}$ mit $|b| > r_1 > \cdots > r_{j-1} > r_j = 0$, bis kein Rest mehr bleibt.
3 r_{i+1} sei also der Rest, der bei Division von r_{i-1} durch r_i entsteht,

$$r_{i-1} = m_{i+1} r_i + r_{i+1} \,,$$

mit $m_1, \ldots, m_j \in \mathbb{Z}$.

Nachstehende Überlegungen zeigen, dass der Algorithmus nach endlich vielen Schritten terminiert und für den im vorletzten Schritt berechneten Rest r_{j-1} gilt $r_{j-1} = \mathrm{ggT}(a, b)$.

Termination Da die Divisionsreste r_i strikt fallen, bricht das Verfahren nach endlich vielen Schritten ab.

Korrektheit r_{j-1} teilt der Reihe nach $r_{j-2}, r_{j-3}, \ldots, r_0 = b$ und $r_{-1} = a$, wie sich sukzessive aus den Gleichungen $r_{i-1} = m_{i+1} r_i + r_{i+1}$ ergibt; also ist r_{j-1} ein Teiler von a und b.

Teilt umgekehrt z sowohl a als auch b, so teilt z der Reihe nach $r_1, \ldots, r_{j-1}$, wie aus den Gleichungen $r_{i+1} = r_{i-1} - m_{i+1} r_i$ folgt; also ist r_{j-1} der größte unter den Teilern von a und b.

Beispiel 7.6 Für $a = 9876, b = 3456$ ergibt sich

$$
\begin{aligned}
9876 &= 2 \cdot 3456 + 2964 \,, \\
3456 &= 1 \cdot 2964 + 492 \,, \\
2964 &= 6 \cdot 492 + 12 \,, \\
492 &= 41 \cdot 12 \, (+\, 0) \,,
\end{aligned}
\tag{7.3}
$$

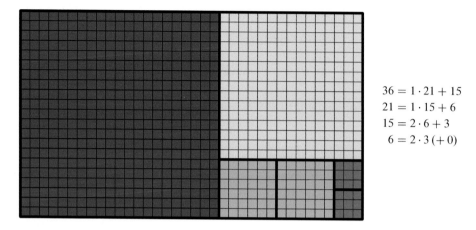

$$36 = 1 \cdot 21 + 15$$
$$21 = 1 \cdot 15 + 6$$
$$15 = 2 \cdot 6 + 3$$
$$6 = 2 \cdot 3 \, (+\, 0)$$

Abb. 7.1 Visualisierung des euklidischen Algorithmus am Beispiel $a = 36$, $b = 21$. In einem Rechteck der Kantenlängen a und b mit $a > b$ werden sukzessive Quadrate der Kantenlänge b abgespalten. Sofern noch nicht das gesamte Rechteck ausgeschöpft ist, verbleibt ein Rechteck mit größerer Kantenlänge b, und wir beginnen mit einem neuen Ausschöpfungsprozess für dieses Rechteck. Das letzte Rechteck vor dem vollständigen Ausschöpfen des Ausgangsrechtecks ist ein Quadrat mit Kantenlänge ggT(a, b). Im Bild wird ggT$(36, 21) = 3$ dargestellt

so dass ggT$(9876, 3456) = 12$. Durch nachstehenden Sage-Code lassen sich diese Berechnungen implementieren. Wir erinnern daran, dass in Sage mit dem %-Operator der Rest einer ganzzahligen Division bestimmt wird. Ferner bietet Sage die in der ersten Zeile des Programmstücks genutzte Möglichkeit, zwei oder mehrere Variablen mittels Kommatrennung bequem auf einmal zu initialisieren.

```
a, b = 9876, 3456
r = a % b
print (a,b,r)
while r != 0:                          (9876, 3456, 2964)
    a = b; b = r                       (3456, 2964, 492)
    r = a % b                          (2964, 492, 12)
    print (a,b,r)                      (492, 12, 0)
```

Die Verwendung des Befehls gcd(a,b) liefert ebenfalls den größten gemeinsamen Teiler von a und b. Eine geometrische Interpretation des euklidischen Algorithmus findet sich in Abb. 7.1.

Laufzeit des euklidischen Algorithmus Die Laufzeit des Algorithmus kann abgeschätzt werden, indem Eingaben a und b betrachtet werden, für die besonders viele Divisionen anfallen. Ohne Einschränkung sei $a > b > 0$; im Fall $b > a > 0$ werden a und b im ersten Schritt vertauscht.

Wir betrachten die durch

$$(a_1, b_1) < (a_2, b_2) \iff b_1 < b_2 \text{ oder } (b_1 = b_2 \text{ und } a_1 < a_2)$$

gegebene vollständige Ordnung auf Paaren natürlicher Zahlen. Das bezüglich dieser Ordnung kleinste Paar (a, b), für das j Divisionen benötigt werden, ergibt sich, wenn man r_{j-1} und die m_i möglichst klein wählt: $m_1 = \ldots = m_{j-1} = 1, m_j = 2$ und $r_{j-1} = 1$. Die Möglichkeit $m_j = 1$ ist ausgeschlossen, da mit $r_j = 0$ dann $r_{j-1} = r_{j-2}$ folgen würde. Die Gleichungen

$$r_{j-1} = 1, \quad r_{j-2} = 2, \quad r_{i-1} = r_i + r_{i+1} \text{ für } i = j-2, \ldots, 0$$

bestimmen $r_{-1} = a$ und $r_0 = b$ eindeutig.

Für das kleinste Paar (a, b), für das j Iterationen benötigt werden, gilt also der durch folgende Tabelle beschriebene Zusammenhang:

j	1	2	3	4	5	6
a	2	3	5	8	13	21
b	1	2	3	5	8	13

Bezeichnen $f_0 = 0$, $f_1 = 1$, $f_{i+2} = f_{i+1} + f_i$ die in Abschn. 6.3 eingeführten Fibonacci-Zahlen, dann ist induktiv sofort ersichtlich, dass der euklidische Algorithmus bei Eingabe f_{j+2} und f_{j+1} genau j Divisionen benötigt.

Theorem 7.7 *Der euklidische Algorithmus benötigt bei der Eingabe $a > b > 0$ höchstens $c \ln(b\sqrt{5})$ Divisionen, mit $c = (\ln \frac{1+\sqrt{5}}{2})^{-1} \approx 2{,}08$.*

Die Anzahl der benötigten Zahlendivisionen ist logarithmisch in den Eingabedaten a und b beschränkt, also linear in der Länge der Eingabezahlen a und b.

Beweis Aufgrund der Charakterisierung der worst-case Paare genügt es zu zeigen, dass bei Eingabe $a = f_{j+2}$ und $b = f_{j+1}$ mit $j \in \mathbb{N}$ höchstens $c \ln(b\sqrt{5})$ Divisionen erforderlich sind.

Mit der in Abschn. 6.3 ermittelten Darstellung

$$f_j = \frac{1}{\sqrt{5}} \left(\left(\frac{1+\sqrt{5}}{2} \right)^j - \left(\frac{1-\sqrt{5}}{2} \right)^j \right)$$

folgt wegen $(1-\sqrt{5})/2 \approx -0{,}618$ zunächst $\frac{1}{\sqrt{5}} \left(\frac{1+\sqrt{5}}{2} \right)^j \leq f_j + 1 \leq f_{j+1} = b$ und damit $j \ln \frac{1+\sqrt{5}}{2} \leq \ln(b\sqrt{5})$. $\qquad\square$

Durch nachstehende, auf Étienne Bézout (1730–1783) zurückgehende Identität können wir nun die Frage zu Beginn des Abschnitts beantworten. Der größte gemeinsame Teiler der Zahlen $a_1, \ldots, a_n$ lässt sich als ganzzahlige Linearkombination der Zahlen schreiben:

Theorem 7.8 (Bézout) *Zu* $a_1, \ldots, a_n \in \mathbb{Z} \setminus \{0\}$ *gibt es* $\lambda_1, \ldots, \lambda_n \in \mathbb{Z}$ *mit* $\mathrm{ggT}(a_1, \ldots, a_n) = \lambda_1 a_1 + \cdots + \lambda_n a_n$.

Beweis Im euklidischen Algorithmus ist r_{j-1} eine ganzzahlige Linearkombination von r_{j-2} und r_{j-3}. Durch sukzessive Betrachtung der Schritte $j, j-1, \ldots, 1$ des euklidischen Algorithmus ergibt sich weiter, dass r_{j-1} damit auch eine Linearkombination von r_{-1} und r_0 ist.

Den Fall $n \geq 2$ kann man induktiv abhandeln: Sei $d' = \lambda'_1 a_1 + \cdots + \lambda'_{n-1} a_{n-1}$ der ggT von $a_1, \ldots, a_{n-1}$ und $d = \mu_1 d' + \mu_2 a_n$ der ggT von d' und a_n. Dann ist d der ggT von $a_1, \ldots, a_n$ und als ganzzahlige Linearkombination von $a_1, \ldots, a_n$ darstellbar.   □

Durch Erweiterung des euklidischen Algorithmus lässt sich gleichzeitig mit dem ggT zweier Zahlen a und b auch eine Darstellung nach dem Satz von Bézout gewinnen. Man bestimmt dazu die durch

$$s_{-1} = 1, \; s_0 = 0, \qquad t_{-1} = 0, \; t_0 = 1,$$
$$s_{i-1} = m_{i+1} s_i + s_{i+1}, \qquad t_{i-1} = m_{i+1} t_i + t_{i+1}$$

gegebenen Zahlenfolgen (s_i) und (t_i) unter Benutzung der vom euklidischen Algorithmus gewonnenen ganzen Zahlen $m_1, \ldots, m_{j-1}$. Dann gilt

$$\mathrm{ggT}(a, b) = r_{j-1} = a s_{j-1} + b t_{j-1}.$$

Beweis Es gilt sogar $r_i = a s_i + b t_i$ für alle $-1 \leq i < j$. Für $i = -1, 0$ folgt dies aus der Wahl von s_{-1}, s_0, t_{-1}, t_0, und der Induktionsschritt folgt aus

$$\begin{aligned} r_{i+1} &= r_{i-1} - m_{i+1} r_i \\ &= a s_{i-1} + b t_{i-1} - m_{i+1}(a s_i + b t_i) \\ &= a s_{i+1} + b t_{i+1}. \end{aligned}$$

    □

Beispiel 7.9 Für obiges Beispiel $a = 9876$, $b = 3456$ ergibt sich nachfolgendes Rechenschema. Die Spalten für r_{i-1}, r_i und m_{i+1} stammen aus den Zahlen (7.3) des nichterweiterten euklidischen Algorithmus. Die Schrägpfeile deuten an, dass die Einträge in diesen Spalten einfach durch Übernahme der Werte aus den angegebenen Spalten der Vorgängerzeile hervorgehen. In der Zeile i sind also nur die Zahlen s_i und t_i mittels der Rekursionsbeziehungen (7.2) neu zu bestimmen.

i	r_{i-1}	r_i	m_{i+1}	s_{i-1}	s_i	t_{i-1}	t_i
0	9876	3456	2	1	0	0	1
1	3456	2964	1	0	1	1	−2
2	2964	492	6	1	−1	−2	3
3	492	12	41	−1	7	2	−20

Da gemäß (7.3) der Rest $r_4 = 0$ ist, lässt sich aus dem Rechenschema die Darstellung als Linearkombination ggT$(9876, 3456) = 12 = 7 \cdot 9876 - 20 \cdot 3456$ ablesen. Wir verifizieren das Ergebnis mit der `xgcd`-Funktion von `Sage`, die eine Linearkombination mit dem erweiterten euklidischen Algorithmus bestimmt:

```
a, b = 9876, 3456
xgcd(a,b)                               12, 7, -20
r,s,t = xgcd(a,b)
r*a + s*b                               12
```

Die Frage nach Algorithmen zur ggT-Berechnung mit der bestmöglichen asymptotischen Laufzeit ist ein noch ungelöstes Problem. Bezeichnet k die binäre Eingabelänge der kleineren Eingabezahl, dann führt der euklidische Algorithmus $O(k)$ viele Schritte aus. Da in einem auf binären Operationen basierenden Rechnermodell auch eine Division mit Rest eine lineare Anzahl an Operationen erfordert, ergibt sich insgesamt ein Gesamtaufwand von $O(k^2)$. Tatsächlich existieren Algorithmen mit subquadratischem Aufwand, die auf Matrixdarstellungen des euklidischen Algorithmus beruhen.

7.3 Bestimmung von Quadratwurzeln

Wir betrachten das grundlegende Problem, die Quadratwurzeloperation auf die vier Grundrechenarten zurückzuführen.

Gegeben: eine positive reelle Zahl $a > 0$.
Gesucht: eine numerische Näherung für die Quadratwurzel von a.

Hierbei sollen nur die vier Grundrechenarten zur Verfügung stehen. Das folgende bereits den Babyloniern bekannte Verfahren liefert eine Rekursionsfolge zur Berechnung immer besserer Näherungswerte der Quadratwurzel $\sqrt{a}$. Die Methode ist als *Babylonisches Wurzelziehen* oder *Heron-Verfahren* bekannt.
Wir wählen einen Startwert $x_0 > 0$ und betrachten für $n \geq 0$ die durch

$$x_{n+1} = \frac{1}{2}\left(x_n + \frac{a}{x_n}\right) \tag{7.4}$$

definierte *Heron-Folge* (x_n). Für $a = 2$ und $x_0 = 1$ ergibt sich beispielsweise $x_1 = \frac{3}{2} = 1,5$, $x_2 = \frac{17}{12} = 1,416\ldots$, $x_3 = \frac{577}{408} = 1,414215\ldots$

Die Rekursionsbeziehung (7.4) hat folgende geometrische Interpretation. Die Quadratwurzel $\sqrt{a}$ ist die Seitenlänge eines Quadrates mit Flächeninhalt a. Mit der Definition $y_n := x_n/a$ hat auch das Rechteck mit Seitenlängen x_n und y_n einen Flächeninhalt a. Sofern x_n und y_n verschieden sind, liegt jedoch kein Quadrat vor; um sich immer mehr einem Quadrat anzunähern, wird x_{n+1} als arithmetisches Mittel von x_n und y_n gewählt, $x_{n+1} = \frac{1}{2}(x_n + y_n)$ im Einklang mit (7.4), und dann wiederum $y_{n+1} = a/x_{n+1}$. Für obiges Beispiel ist diese Sichtweise in Abb. 7.2 veranschaulicht.

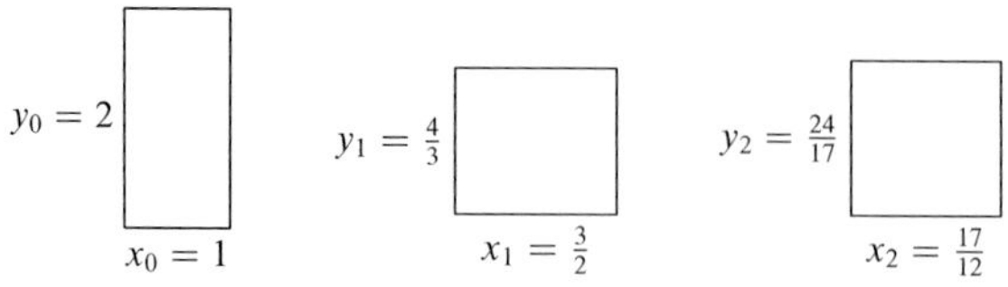

$$y_0 = 2 \qquad y_1 = \tfrac{4}{3} \qquad y_2 = \tfrac{24}{17}$$
$$x_0 = 1 \qquad x_1 = \tfrac{3}{2} \qquad x_2 = \tfrac{17}{12}$$

Abb. 7.2 Geometrische Interpretation des Heron-Verfahrens für das Beispiel $a = 2$

Theorem 7.10 *Für jeden beliebigen Startwert $x_0 > 0$ konvergiert die Heron-Folge (x_n) gegen $\sqrt{a}$.*

Beweis Aus $a > 0$ und $x_0 > 0$ ergibt sich induktiv mit der Rekursionsformel (7.4) unmittelbar, dass x_n für alle $n \geq 0$ positiv ist.

Wir zeigen nun $x_n \geq \sqrt{a}$ für $n \geq 1$. Hierzu genügt die Rechnung

$$x_n^2 - a = \frac{1}{4}\left(x_{n-1} + \frac{a}{x_{n-1}}\right)^2 - a = \frac{1}{4}\left(x_{n-1} - \frac{a}{x_{n-1}}\right)^2 \geq 0.$$

Ferner fällt die Folge wegen

$$x_{n+1} - x_n = \frac{1}{2}\left(x_n + \frac{a}{x_n}\right) - x_n = -\frac{1}{2x_n}(x_n^2 - a) \leq 0$$

ab $n = 1$ monoton. Da nach Satz 12.1 jede monoton fallende, nach unten beschränkte reelle Folge konvergiert, erhalten wir durch Grenzübergang $n \to \infty$ in der Rekursionsformel für den Grenzwert x: $x = \frac{1}{2}\left(x + \frac{a}{x}\right)$. Es folgt $x^2 = a$ und wegen $x > 0$ daher $x = \sqrt{a}$. $\qquad\square$

Neben der reinen Konvergenz spielen bei numerischen Algorithmen weitere Aspekte eine wichtige Rolle, etwa Fehlerabschätzungen und die Konvergenzgeschwindigkeit. Wir diskutieren diese Punkte hier für den Fall des Babylonischen Wurzelziehens. Im $(n + 1)$-ten Iterationsschritt gilt für die Abweichung vom gesuchten Wert der Quadratwurzel

$$x_{n+1} - \sqrt{a} = \frac{1}{2}\left(x_n + \frac{a}{x_n}\right) - \sqrt{a} = \frac{1}{2x_n}(x_n - \sqrt{a})^2$$

und wegen $x_n \geq \sqrt{a}$ für $n \geq 1$ daher die Eigenschaft

$$x_{n+1} - \sqrt{a} \leq \frac{1}{2\sqrt{a}}(x_n - \sqrt{a})^2. \tag{7.5}$$

Man sagt, dass die Folge (x_n) im Sinne der nachstehenden Definition quadratisch konvergiert.

▶ **Definition 7.11** Eine Folge (x_n) mit Grenzwert x_∞ heißt *quadratisch konvergent*, wenn es eine Konstante $C \geq 0$ gibt mit

$$|x_{n+1} - x_\infty| \leq C |x_n - x_\infty|^2 .$$

Iteration der Ungleichung (7.5) liefert eine Abschätzung für $|x_{n+1} - x_\infty|$ in Abhängigkeit von $|x_1 - x_\infty|$, die für den Fall $|x_1 - x_\infty| < 1$ sehr nützlich ist.

Beispiel 7.12 Für $a = 2$ und Startwert $x_0 = 1$ gilt wegen $1{,}4 < \sqrt{2} < 1{,}5$ die Fehlerabschätzung $|x_1 - x_\infty| < 10^{-1}$. Aus nachstehendem `Sage`-Programmstück ist ersichtlich, wie schnell die Folge des Babylonischen Wurzelziehens gegen $\sqrt{2}$ konvergiert.

```
a = 2
xn = 1
for i in range(1,6):
    y = 1/2*(xn + a/xn)
    print("x%d = %14.12f" % (i, y))
    xn = y
```

```
x1 = 1.500000000000
x2 = 1.416666666667
x3 = 1.414215686274
x4 = 1.414213562375
x5 = 1.414213562373
```

Tatsächlich garantiert beispielsweise die Fehlerabschätzung (7.5), dass der Fehler $f_n := |x_n - x_\infty|$ etwa für $n = 4$ wegen $f_1 < 10^{-1}$ durch

$$f_4 \leq \frac{1}{2\sqrt{2}} f_3^2 \leq \left(\frac{1}{2\sqrt{2}} \right)^3 f_2^4 \leq \left(\frac{1}{2\sqrt{2}} \right)^7 f_1^8 < 6{,}9 \cdot 10^{-12}$$

beschränkt ist.

Bemerkung 7.13 Das beschriebene Verfahren zur Bestimmung der Quadratwurzel ist ein Spezialfall des im nachstehenden Abschnitt betrachteten *Newton-Verfahrens* zur Nullstellenbestimmung von Funktionen.

7.4 Das Newton-Verfahren

Das *Newton-Verfahren* ist ein in vielen Situationen anwendbares Verfahren zur näherungsweisen Bestimmung der Nullstellen von Funktionen. Es ist in der numerischen Mathematik von grundlegender Bedeutung.

Gegeben sei eine differenzierbare Funktion $f : \mathbb{R} \to \mathbb{R}$ oder $f : [a, b] \to \mathbb{R}$ mit einer Nullstelle x^*. Wir gehen ferner davon aus, bereits einen Näherungswert x_0 für x^* zu kennen. Zur Verbesserung des Näherungswertes x_0 für x^* berechnen wir die Nullstelle x_1 der Linearisierung

$$L(x) = f(x_0) + f'(x_0)(x - x_0) \tag{7.6}$$

Abb. 7.3 Im Newton-
Verfahren geht der neue
Näherungswert x_1 als Schnitt
der Tangente in $(x_0, f(x_0))$ mit
der x-Achse hervor

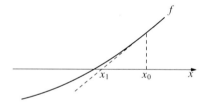

von f in x_0. Im Fall $f'(x_0) \neq 0$ ergibt sich

$$x_1 = x_0 - \frac{f(x_0)}{f'(x_0)},$$

vergleiche Abb. 7.3. Durch Verwendung des berechneten Wertes als Ausgangswert für
den nächsten Iterationsschritt wird induktiv – sofern keiner der Nenner verschwindet –
die *Newton-Iteration*

$$x_{n+1} = x_n - \frac{f(x_n)}{f'(x_n)}, \quad n \in \mathbb{N}_0 \tag{7.7}$$

definiert.

Beispiel 7.14 Für die bei der Quadratwurzel auftretende Funktion $f(x) = x^2 - a, a > 0$
lautet das Iterationsverfahren

$$x_{n+1} = x_n - \frac{x_n^2 - a}{2x_n} = \frac{1}{2}\left(x_n + \frac{a}{x_n}\right).$$

Es ergibt sich also die Folge der Babylonischen Berechnung.

Wir bemerken, dass die Linearisierung (7.6) mit den ersten beiden Termen der Taylor-
Entwicklung der Funktion übereinstimmt (vergleiche Kap. 12); weiter unten kommen wir
auf die Betrachtung als Taylor-Entwicklung zurück.

Um die Konvergenz der Newton-Iteration gegen eine Nullstelle garantieren zu können,
müssen wir insbesondere den Startpunkt bereits als „hinreichend nahen" Startpunkt an der
Nullstelle wählen. Zur Präzisierung dieser Aussage werden in diesem Abschnitt von nun
an zweimal stetige Differenzierbarkeit von $f : [a, b] \to \mathbb{R}$ sowie weitere Eigenschaften
voraussetzen.

Voraussetzung 7.15 *Sei $f : [a, b] \to \mathbb{R}$ eine zweimal stetig differenzierbare Funktion,
die in $[a, b]$ eine Nullstelle x^* hat und deren Iterationswerte x_1 zu $x_0 = a$ und zu $x_0 = b$
in $[a, b]$ liegen. Ferner gelte*

1. *$f'(x) \neq 0$ für $x \in [a, b]$.*
2. *$f''(x) \geq 0$ für $x \in [a, b]$ (oder $f''(x) \leq 0$ für $x \in [a, b]$).*

Wir bemerken, dass die Forderung an die Iterationswerte zu $x_0 = a$ und $x_0 = b$ garantieren wird, dass jedes Folgenglied der Newton-Iteration stets wieder im Definitionsbereich von f liegt. Eigenschaft 1 is eine wesentliche Voraussetzung für einen sinnvollen Newton-Schritt im Punkt x. Verschwindet weder die erste noch die zweite Ableitung in einer Nullstelle, dann ist Eigenschaft 2 in einer Umgebung um die Nullstelle erfüllt. Es gilt der folgende Konvergenzsatz:

Theorem 7.16 *Sei* $f : [a, b] \to \mathbb{R}$ *eine Funktion, die die Voraussetzung 7.15 erfüllt. Für beliebigen Startwert* $x_0 \in [a, b]$ *liegt die durch (7.7) definierte Folge in* $[a, b]$ *und konvergiert gegen* x^*.

Beweis Im Intervall $[a, b]$ hat $f'(x)$ ein einheitliches Vorzeichen, so dass wir ohne Einschränkung $f'(x) > 0$ und daher $f(a) < 0$, $f(b) > 0$ annehmen können. Ferner sei $f''(x) \geq 0$. Wir zeigen, dass die Folge (x_n) ab dem Index 1 durch die Nullstelle x^* nach unten beschränkt sowie monoton fallend ist.

Zum Nachweis der Beschränktheit $x_n \geq x^*$ ab $n \geq 1$ untersuchen wir die der Newton-Iteration zugrunde liegende Funktion $g(x) := x - \frac{f(x)}{f'(x)}$. Für die Ableitung

$$g'(x) = \frac{f(x) f''(x)}{f'(x)^2}$$

gilt $g'(x) \leq 0$ für $x < x^*$ und $g'(x) \geq 0$ für $x > x^*$, so dass x^* das Minimum von g in $[a, b]$ ist.

Die voranstehende Eigenschaft impliziert $f(x_n) \geq 0$ für $n \geq 1$ und daher die Monotoniebeziehung

$$x_{n+1} - x_n = \left(x_n - \frac{f(x_n)}{f'(x_n)} \right) - x_n = -\frac{f(x_n)}{f'(x_n)} \leq 0.$$

Aufgrund des monotonen Fallens und der Beschränktheit besitzt die Folge (x_n) nach Satz 12.1 einen Grenzwert x_∞. Dieser Grenzwert ist ein Fixpunkt von g und damit eine Nullstelle von f. $\qquad\square$

Hinsichtlich einer Fehlerabschätzung definieren wir

$$m := \min_{x \in [a,b]} f'(x) \quad \text{und} \quad M := \max_{x \in [a,b]} f''(x)$$

als das Minimum der ersten bzw. das Maximum der zweiten Ableitung von f.

Theorem 7.17 *Ist* $f : [a, b] \to \mathbb{R}$ *eine Funktion, die die Voraussetzung 7.15 erfüllt, dann gilt für die Newton-Iteration die Fehlerabschätzung*

$$|x_n - x^*| \leq \frac{M}{2m} |x_n - x_{n-1}|^2.$$

Beweis Nach dem Mittelwertsatz 12.3 gilt

$$m|x_n - x^*| \leq |f(x_n) - f(x^*)| = |f(x_n) - 0| = |f(x_n)|. \tag{7.8}$$

Zur Abschätzung von $|f(x_n)|$ kommen wir auf die bereits angesprochene Sichtweise vom Standpunkt der Taylorreihen zurück und betrachten die Taylorformel 12.4 zum Entwicklungspunkt x_{n-1} mit dem Restglied nach Lagrange: Es existiert ein $\bar{x}$ zwischen x_{n-1} und x_n mit

$$f(x_n) = f(x_{n-1}) + f'(x_n)(x_n - x_{n-1}) + \frac{1}{2}f''(\bar{x})(x_n - x_{n-1})^2.$$

Nach Definition der Newton-Iteration heben sich die ersten beiden Terme auf der rechten Seite auf, so dass

$$|f(x_n)| = \frac{1}{2}|f''(\bar{x})|(x_n - x_{n-1})^2 \leq \frac{M}{2}(x_n - x_{n-1})^2.$$

Durch Einsetzen dieser Ungleichung in (7.8) folgt die Behauptung.   □

Beispiel 7.18 Die Funktion $f(x) = e^x - 2x - 1$ hat genau eine positive Nullstelle. Im Intervall $[1, \frac{3}{2}]$ erfüllt f die Voraussetzungen 7.15. Ausgehend vom Startwert x_0 ergibt sich mit nachstehendem Sage-Fragment die angegebene Folge der Iterationen.

```
f(x) = exp(x)-2*x-1
fdiff(x) = f.diff(x)                          x1 = 1.305903
xn = 1.5                                       x2 = 1.259059
for i in range(1,6):                           x3 = 1.256439
    y = xn - f(xn) / fdiff(xn)                 x4 = 1.256431
    print("x%d = %8.6f" % (i, y))              x5 = 1.256431
    xn = y
```

Mit $m = e^1 - 2 > 1{,}7$ und $M = e^{3/2} < 4{,}5$ erhält man die Fehlerabschätzung

$$|x_n - x^*| \leq 1{,}33|x_n - x_{n-1}|^2.$$

Liegen also zwei aufeinanderfolgende Folgenglieder x_{n-1} und x_n um höchstens 10^{-4} auseinander, dann gilt bereits nachweislich $|x_n - x^*| < 1{,}33 \cdot 10^{-8}$.

7.5   Approximationen mittels Fixpunktiteration

Eine noch allgemeinere Sichtweise auf das Babylonische Wurzelziehen und die iterative numerische Bestimmung von Nullstellen bietet die nachstehend betrachtete Approximation mittels Fixpunktiteration.

Eine auf einer nichtleeren Teilmenge A von $\mathbb{R}$ definierte Funktion $f : A \to \mathbb{R}$ heißt *Kontraktion*, wenn sie den folgenden Bedingungen genügt:

1. $f(A) \subseteq A$;
2. es gibt ein $L < 1$ mit $|f(z) - f(w)| \leq L \cdot |z - w|$ für alle $z, w \in A$.

L wird *Lipschitz-Konstante* genannt.

Beispiel 7.19 Die beim babylonischen Wurzelziehen von a auftretende Funktion f : $[\sqrt{a}, \infty) \to \mathbb{C}$, $x \mapsto \frac{1}{2}(x + a/x)$ ist eine Kontraktion mit $L = \frac{1}{2}$.

Die erste dieser beiden Eigenschaften haben wir im vergangenen Abschnitt gesehen. Für die zweite Eigenschaft beobachten wir, dass für alle $z, w \in [a, \infty)$ gilt

$$|f(z) - f(w)| = \frac{1}{2} \left| z - w + a\frac{w - z}{wz} \right| = \frac{1}{2} \left| \left(1 - \frac{a}{wz}\right)(z - w) \right|.$$

Wegen $w \cdot z \geq \sqrt{a}\sqrt{a} = a$ ist $0 \leq \frac{1}{2}\left(1 - \frac{a}{wz}\right) < \frac{1}{2}$.

Der nachfolgende Satz garantiert für Kontraktionen die Existenz eines Fixpunkts. Es handelt sich um einen Spezialfall des *Banachschen Fixpunktsatzes*; dieser lässt sich auch in allgemeineren Räumen formulieren und beweisen.

Theorem 7.20 *Sei A eine abgeschlossene Teilmenge von $\mathbb{R}$ und $f : A \to \mathbb{R}$ eine Kontraktion mit Lipschitz-Konstante L. Dann gilt:*

1. f besitzt in A genau einen Fixpunkt, d.h. einen Punkt x^* mit $f(x^*) = x^*$. Für jeden Startwert $x_0 \in A$ konvergiert die durch

$$x_{n+1} := f(x_n) \text{ für } n \in \mathbb{N}_0$$

rekursiv definierte Folge (x_n) gegen den Fixpunkt x^*.
2. Es besteht die Fehlerabschätzung

$$|x_n - x^*| \leq \frac{L^n}{1 - L}|x_1 - x_0|.$$

Die Aussage gilt in analoger Weise über den in Abschn. 11 näher behandelten komplexen Zahlen.

Beweis Aus der Kontraktionseigenschaft folgt sukzessive

$$|x_{k+1} - x_k| \leq L|x_k - x_{k-1}| \leq L^2|x_{k-1} - x_{k-2}| \leq \cdots \leq L^k|x_1 - x_0|.$$

Für festes n und beliebiges $m \geq n$ gilt damit

$$\begin{aligned}|x_{m+1} - x_n| &\leq |x_{m+1} - x_m| + |x_m - x_{m-1}| + \cdots + |x_{n+1} - x_n| \\ &\leq (L^m + \cdots + L^n)|x_1 - x_0| \\ &\leq \frac{L^n}{1 - L}|x_1 - x_0|.\end{aligned}$$

Wegen $L < 1$ unterschreitet die rechte Seite für geeignet großes n jedes vorgegebene $\varepsilon > 0$. Mit den gängigen Begriffsbildungen der Analysis aus Kap. 12 ist (x_n) also eine Cauchyfolge und konvergiert demzufolge. Für den Grenzwert $x^* := \lim_{n\to\infty} x_n$ gelten die folgenden Eigenschaften:

1. $x^* \in A$; denn alle x_n liegen in A und A ist abgeschlossen.
2. x^* ist ein Fixpunkt; denn $x_{n+1} = f(x_n)$ und f ist wegen der Kontraktionseigenschaft stetig, so dass $\lim_{n\to\infty} f(x_n) = \lim x_{n+1} = x^*$.
3. x^* ist der einzige Fixpunkt von f in A; gäbe es nämlich zwei verschiedene Fixpunkte x^* und $x^{\#}$, dann wäre

$$|x^* - x^{\#}| \leq L|f(x^*) - f(x^{\#})| = L|x^* - x^{\#}| < |x^* - x^{\#}|,$$

ein Widerspruch.

Damit ist die erste Aussage gezeigt. Die zweite Aussage folgt aus obigen Abschätzungen und Grenzübergang. $\qquad\qquad\qquad\qquad\qquad\qquad\qquad\qquad\qquad\qquad\qquad\qquad\qquad\Box$

Anmerkung 7.21 Der Banachsche Fixpunktsatz hat vielfältige Anwendungen, zum Beispiel beim Nachweis der Existenz von Lösungen nichtlinearer Gleichungen, beim Nachweis der Existenz von Lösungen von Differentialgleichungen oder – wie obiger Bezug zum Babylonischen Wurzelziehen zeigte – beim Nachweis der Konvergenz von Iterationsverfahren.

Beispiel 7.22 Die Bestimmung der Nullstellen der Funktion $f(x) = -x + \cos x$ ist äquivalent zur Berechnung der Fixpunkte von $g(x) = \cos x$.

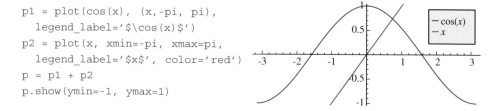

```
p1 = plot(cos(x), (x,-pi, pi),
    legend_label='$\cos(x)$')
p2 = plot(x, xmin=-pi, xmax=pi,
    legend_label='$x$', color='red')
p = p1 + p2
p.show(ymin=-1, ymax=1)
```

Wie die folgenden Überlegungen zeigen, besitzt f tatsächlich nur eine Nullstelle, und diese liegt im Intervall $(0, \frac{\pi}{4})$. Die Existenz einer solchen Nullstelle im Intervall $(0, \frac{\pi}{4})$ folgt aus $f(0) = 1 > 0$ und $f(\frac{\pi}{4}) = \frac{1}{4}(-\pi + 2\sqrt{2}) < 0$. Wegen $f'(x) = -1 - \sin(x) \leq 0$ für alle $x \in \mathbb{R}$ folgt sofort, dass f genau eine Nullstelle besitzt. Da f im Intervall $[0, \frac{\pi}{4}]$ eine Kontraktion ist, lässt sich die Nullstelle numerisch durch eine Fixpunktiteration $x_{n+1} := \cos(x_n)$ bestimmen, etwa mit Startwert $x_0 = \frac{\pi}{4}$.

```
f(x) = cos(x)                          x1 = 0.707107
xn = pi/4                              x2 = 0.760245        ⋮
for i in range(1,16):                  x3 = 0.724667     x13 = 0.738809
    y = f(xn)                          x4 = 0.748720     x14 = 0.739271
    print("x%d = %8.6f" % (i, y))        ⋮               x15 = 0.738960
    xn = y
```

7.6 Übungsaufgaben

1. Schreiben Sie eine `Sage`-Funktion, der eine Zahl $a > 0$ und ein Startwert $x_0 > 0$ übergeben werden und die das 20. Element der Heron-Folge (x_n) zurückgibt. Wird bereits vor der 20. Iteration $|x_{n+1} - x_n| < 0,0001$ erzielt, so soll die Iteration abgebrochen werden und das aktuelle x_n zurückgegeben werden. Testen Sie die `Sage`-Funktion für verschiedene a und x_0.

2. Sei $a > 0$. Untersuchen Sie für einen Startwert $x_0 \in (0, \frac{2}{a})$ die durch $x_{n+1} = x_n(2 - ax_n)$ definierte Folge bezüglich Monotonie, Grenzwert und Konvergenzordnung.

3. Stellen Sie mit Hilfe des erweiterten euklidischen Algorithmus den ggT von
   a. 19 und 17
   b. 2004 und 1492
   jeweils als ganzzahlige Linearkombination dar.

4. Entwickeln Sie analog zur Bestimmung des größten gemeinsamen Teilers zweier ganzen Zahlen einen euklidischen Algorithmus für Polynome f, g in der Unbestimmten x. Bestimmen Sie damit einen größten gemeinsamen Teiler der Polynome $f(x) = x^4 + x^3 + x + 1$ und $g(x) = x^2 - 1$.

5. Zeigen Sie: Das Polynom $f(x) = x^3 - 2x + 2$ besitzt eine reelle Nullstelle, die Newton-Iteration zum Startpunkt 0 konvergiert jedoch nicht.

6. Das *Sekantenverfahren* ist eine Variante des Newton-Verfahrens, die die Ableitung von f vermeidet:

$$x_{n+1} := x_n - \frac{f(x_n)(x_n - x_{n-1})}{f(x_n) - f(x_{n-1})}, \quad \text{Startwerte } x_0, x_1 \text{ gegeben}.$$

Geben Sie eine geometrische Interpretation des Sekantenverfahrens, und realisieren Sie es in `Sage`. Zeigen Sie mögliche Probleme beim Einsatz auf.

7. Gegeben sei $f(x) = x^2 - 1$.
   a. Bestimmen Sie für den Startwert $x_0 = 2$ die ersten fünf Folgenglieder der Newton-Iteration.
   b. Untersuchen Sie für die Startwerte $x_0 = \sqrt{2}$, $x_1 = 1 - \sqrt{2}$ die Iterationsfolge des Sekantenverfahrens. Was beobachten Sie?

7.7 Anmerkungen

Der Algorithmus von Karatsuba geht auf die Arbeit [KO63] zurück. Für Dezimalzahlen bis hin zu etwa 10.000 Stellen wird er auch in der Praxis eingesetzt. Es existieren Algorithmen, die asymptotisch noch besser sind; siehe auch Abschn. 8.3. Der Schönhage-Strassen-Algorithmus [SS71] besitzt die asymptotische Komplexität $O(n \log n \log \log n)$ und schlägt ab etwa 10.000 Dezimalstellen den Karatsuba-Algorithmus auch in der Praxis. Im Jahr 2007 stellte Fürer einen Algorithmus mit der noch besseren asymptotischen Komplexität $n \log n \, 2^{\Theta(\log^* n)}$ vor, wobei $\log^* n$ die extrem langsam wachsende *iterierte Logarithmus-Funktion* bezeichnet:

$$\log^* n \; = \; \min\{i \in \mathbb{N} \, : \, \log^{(i)} n \leq 1\},$$

mit $\log^{(i)}$ der i-fachen Komposition der Logarithmus-Funktion (siehe [Für09]). Im praktischen Vergleich käme der Vorteil dieses Algorithmus gegenüber dem Schönhage-Strassen-Algorithmus jedoch erst für impraktikabel hohe Werte von n zum Tragen.

Das Heron-Verfahren war bereits dem griechischen Mathematiker Heron von Alexandria (wahrscheinlich im 1. Jahrhundert) bekannt. Für die grundlegenden numerischen Verfahren siehe das Analysis-Buch von Königsberger [Kön04], das Numerik-Buch von Stoer und Bulirsch [SB11] oder gerade im Hinblick auf Sage auch das Buch von Anastassiou und Mezei [AM15].

Literatur

[AM15] ANASTASSIOU, G.A. ; MEZEI, R.A.: *Numerical Analysis Using* Sage. Springer, Cham, 2015

[Für09] FÜRER, M.: Faster integer multiplication. In: *SIAM J. Comput.* 39 (2009), Nr. 3, S. 979–1005

[KO63] KARATSUBA, A. ; OFMAN, Y.: Multiplication of multidigit numbers on automata. In: *Soviet physics doklady* Bd. 7, 1963, S. 595–596

[Kön04] KÖNIGSBERGER, K.: *Analysis 1*. 6. Auflage. Springer-Verlag, Berlin, 2004

[SB11] STOER, J. ; BULIRSCH, R.: *Numerische Mathematik 2*. Springer-Verlag, Berlin Heidelberg, 6. Auflage, 2011

[SS71] SCHÖNHAGE, A. ; STRASSEN, V.: Schnelle Multiplikation großer Zahlen. In: *Computing* 7 (1971), S. 281–292

Rechnen mit komplexen Zahlen

8

Zunächst betrachten wir die – in früheren Abschnitten bereits gestreiften – grundlegenden Konzepte komplexer Zahlen und ihre Umsetzung in `Sage`. Wir studieren die auf den komplexen Zahlen definierte Mandelbrot-Menge, die einerseits als weiteres Beispiel zu Rekursionen dient und andererseits interessante Phänome und einige ungelöste Probleme mit sich bringt.

In Abschn. 8.3 kommen wir auf die bereits früher behandelte Frage schneller Multiplikation zurück und zeigen, wie die diskrete Fourier-Transformation das Problem auf die Untersuchung von Nullstellen von Polynomen zurückführt und auf diese Weise effiziente Algorithmen gewonnen werden können.

8.1 Definition und Eigenschaften

Bekanntlich existieren quadratische Gleichungen mit reellen Koeffizienten, die im Körper $\mathbb{R}$ der reellen Zahlen keine Lösung besitzen. Als Beispiel dient die quadratische Gleichung $x^2 + 1 = 0$.

Bereits Carl Friedrich Gauß erkannte die Vorteile, dennoch von Lösungen solcher Gleichungen zu reden, und führte den *Körper $\mathbb{C}$ der komplexen Zahlen* ein. In diesem repräsentiert das als *imaginäre Einheit* bezeichnete Symbol i eine Lösung der Gleichung $x^2 + 1 = 0$, es gilt also $i^2 = -1$. Eine *komplexe Zahl* $z \in \mathbb{C}$ ist ein Ausdruck der Form $z = a + ib$ mit reellen Zahlen a und b. Man nennt a den *Realteil* und b den *Imaginärteil* der komplexen Zahl z und schreibt $a = \Re(z), b = \Im(z)$.

Für zwei komplexe Zahlen $z = a + ib$ und $w = c + id$ sind die Summe und das Produkt definiert als

$$z + w = (a + b) + i(c + d), \qquad z \cdot w = (ac - bd) + i(ad + bc).$$

© Springer Fachmedien Wiesbaden 2016
T. Theobald, S. Iliman, *Einführung in die computerorientierte Mathematik mit Sage*,
Springer Studium Mathematik – Bachelor, DOI 10.1007/978-3-658-10453-5_8

Komplexe Zahlen lassen sich in der euklidischen Ebene darstellen, indem man den Real- und Imaginärteil einer komplexen Zahl mit einem Vektor $(a, b) \in \mathbb{R}^2$ identifiziert. Der *Betrag* einer komplexen Zahl $z = a + ib$ ist definiert als

$$|z| = \sqrt{a^2 + b^2},$$

so dass $|z|$ gerade der Länge des Vektors $(a, b) \in \mathbb{R}^2$ entspricht. Mit der zu z *konjugiert komplexen Zahl* $\overline{z} := a - ib$, die geometrisch als Spiegelung des Realteils von z an der reellen Achse hervorgeht, gilt für den Betrag die Eigenschaft $|z|^2 = z\overline{z}$.

In Sage bezeichnet I die imaginäre Einheit, und die beschriebenen Operationen könen wie folgt ausgeführt werden.

```
z = (2*I+1)*(3+5*I)          11*I-7
z.imag()                     11
z.real()                     -7
abs(z)                       sqrt(170)
conjugate(z)                 -11*I - 7
z*conjugate(z)               170
```

Alternativ können komplexe Zahlen auch in der sogenannten *Polarform* dargestellt werden. Mit $r = |z|$ lässt sich jede komplexe Zahl $z = a + ib \in \mathbb{C}$ darstellen als $z = re^{i\varphi}$, wobei φ der mit der reellen Achse eingeschlossene Winkel von z ist und mit $\varphi = \arg(z)$ bezeichnet wird. Mittels des Arcuscosinus kann der Winkel wie folgt ausgedrückt werden:

$$\varphi = \arg(z) = \begin{cases} \arccos(\frac{a}{r}) & \text{für } b \geq 0, \\ -\arccos(\frac{a}{r}) & \text{für } b < 0. \end{cases}$$

Für $r = 0$ bleibt $\varphi = \arg(z)$ unbestimmt. Von der Polarform gelangt man mit den Gleichungen

$$a = \mathfrak{R}(z) = r \cdot \cos\varphi, \qquad b = \mathfrak{I}(z) = r \cdot \sin\varphi$$

zur algebraischen Form zurück. Die Multiplikation zweier komplexer Zahlen in Polarform hat eine einfache geometrische Interpretation in der euklidischen Ebene: Ist $z = re^{i\varphi}$ und $w = se^{i\theta}$, dann ergibt sich als Produkt

$$zw = rse^{i(\varphi+\theta)},$$

so dass sich die Beträge der Zahlen multiplizieren und die Winkel sich addieren.

Komplexe Zahlen liefern interessante und wichtige Identitäten zwischen trigonometrischen Funktionen und der Exponentialfunktion. Ein Herzstück bildet die berühmte *Euler-Formel*.

Theorem 8.1 (Euler) *Es gilt $e^{i\varphi} = \cos\varphi + i\sin\varphi$ für alle $\varphi \in \mathbb{R}$.*

Beweis Zum Beweis benutzen wir die Reihenentwicklungen der entsprechenden Funktionen, wie sie aus der Analysis bekannt sind (siehe Kap. 12):

$$e^\varphi = \sum_{k=0}^\infty \frac{\varphi^k}{k!}, \quad \sin(\varphi) = \sum_{k=0}^\infty (-1)^k \frac{\varphi^{2k+1}}{(2k+1)!}, \quad \cos(\varphi) = \sum_{k=0}^\infty (-1)^k \frac{\varphi^{2k}}{(2k)!}.$$

Wegen der absoluten Konvergenz der Exponentialreihe können die Summanden umgeordnet werden ohne den Grenzwert zu ändern. Es folgt

$$
\begin{aligned}
e^{i\varphi} &= \sum_{k=0}^\infty \frac{(i\varphi)^k}{k!} = \sum_{k=0}^\infty \frac{(i\varphi)^{2k}}{(2k)!} + \sum_{k=0}^\infty \frac{(i\varphi)^{2k+1}}{(2k+1)!} \\
&= \sum_{k=0}^\infty \frac{i^{2k}\varphi^{2k}}{(2k)!} + \sum_{k=0}^\infty \frac{i^{2k+1}\varphi^{2k+1}}{(2k+1)!} \\
&= \sum_{k=0}^\infty \frac{(-1)^k\varphi^{2k}}{(2k)!} + \sum_{k=0}^\infty i \cdot \frac{(-1)^k\varphi^{2k+1}}{(2k+1)!} \\
&= \cos\varphi + i\sin\varphi. \qquad\qquad \square
\end{aligned}
$$

Aus der Euler-Formel lassen sich nun sofort schöne und wichtige Identitäten wie $e^{i\pi} = -1$ und $e^{2\pi i} = 1$ folgern. Auch die n-te Potenz einer komplexen Zahl z lässt sich damit elegant als $z^n = r^n e^{in\varphi} = r^n(\cos(n\varphi) + i\sin(n\varphi))$ ausdrücken, woraus ferner die *Formel von Moivre* folgt:

$$(\cos\varphi + i\sin\varphi)^n = \cos(n\varphi) + i\sin(n\varphi), \qquad (8.1)$$

da $(\cos\varphi + i\sin\varphi)^n = (e^{i\varphi})^n = e^{in\varphi} = \cos(n\varphi) + i\sin(n\varphi)$.

Die Gleichung $z^2 = -1$ besitzt zwei komplexe Lösungen, nämlich $z = i$ und $z = -i$. Wir fragen nun im allgemeineren Fall nach den Lösungen der Gleichung $z^n = 1$ für eine natürliche Zahl n. Diese sind gegeben durch die sogenannten n-ten *Einheitswurzeln*

$$e^{\frac{2\pi i k}{n}}, \qquad k = 0, 1, \ldots, n-1.$$

Wir lassen uns mit Sage die dritten Einheitswurzeln ausgeben:

```
var('z')
solve(z^3-1==0,z)        [z == 1/2*I*sqrt(3) - 1/2,
                          z == -1/2*I*sqrt(3) - 1/2, z == 1]
```

Die n-ten Einheitswurzeln haben eine schöne geometrische Bedeutung: Sie bilden die auf dem Einheitskreis liegenden Ecken eines regelmäßigen n-Ecks, wobei $z = 1$ stets eine Ecke ist. In obigem Beispiel bilden also die komplexen Zahlen $\frac{1}{2}i\sqrt{3} - \frac{1}{2}, -\frac{1}{2}i\sqrt{3} - \frac{1}{2}, 1$ die drei Ecken eines gleichseitigen Dreiecks. Wir visualisieren exemplarisch die 17-ten Einheitswurzeln in Sage:

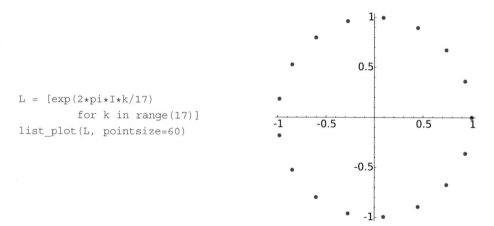

```
L = [exp(2*pi*I*k/17)
        for k in range(17)]
list_plot(L, pointsize=60)
```

Die nachstehend beschriebene einfache Gestalt der Potenzsummen wird sich in Abschn. 8.3 als nützlich erweisen.

Lemma 8.2 *Ist ζ eine n-te Einheitswurzel, so gilt*

$$\sum_{k=0}^{n-1} \zeta^k = \begin{cases} n & \text{falls } \zeta = 1, \\ 0 & \text{sonst.} \end{cases}$$

Beweis Im Fall $\zeta = 1$ ist die Aussage klar, anderenfalls folgt aus der Summenformel für die geometrische Reihe

$$(1 - \zeta) \sum_{k=0}^{n-1} \zeta^k = 1 - \zeta^n = 0. \qquad \square$$

Komplexe Zahlen bei Rekursionsgleichungen Bei der in Abschn. 6.3 behandelten Untersuchung homogener linearer Rekursionsgleichungen zweiter Ordnung mit konstanten Koeffizienten

$$a_n = c_1 a_{n-1} + c_2 a_{n-2} \qquad (n \geq 2)$$

können die Nullstellen der charakteristischen Gleichung $x^2 = c_1 x + c_2$ komplex werden, selbst wenn die Koeffizienten c_1 und c_2 reell sind. Sind α und β verschiedene Nullstellen der charakteristischen Gleichung, dann existiert nach Abschn. 6.3 eine Lösung der Form $a_n = k_1 \alpha^n + k_2 \beta^n$. Im Fall, dass c_1 und c_2 reell sind, sind α und β entweder reell oder bilden ein Paar nicht-reeller, zueinander konjugiert komplexer Nullstellen. In diesem Fall kann wie folgt eine rein reelle Form der Lösung angegeben werden: Sei $\alpha = r(\cos\varphi + i\sin\varphi)$, $\beta = r(\cos\varphi - i\sin\varphi)$. Mit der Formel von Moivre (8.1) ergibt sich für die Rekursionsgleichung dann die allgemeine Lösung

$$a_n = k_1 r^n \cos(n\varphi) + k_2 r^n \sin(n\varphi), \qquad (8.2)$$

Abb. 8.1 Erste Folgenglieder der rekursiv definierten Folge $a_n = a_{n-1} - \frac{1}{2}a_{n-2}$ mit $a_0 = 0$, $a_1 = 1$

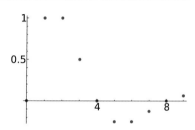

wobei $k_1, k_2 \in \mathbb{R}$ durch die Anfangsbedingungen via $a_0 = k_1, a_1 = k_1 r \cos \varphi + k_2 r \sin \varphi$ festgelegt sind.

Beispiel 8.3 Wir untersuchen das Beispiel $a_n = a_{n-1} - \frac{1}{2}a_{n-2}$ und Anfangswerten $a_0 = 0$, $a_1 = 1$ mit Sage. Mittels `solve(x^2-x+1/2,x)` erhalten wir die Lösungen $\frac{1}{2} \pm \frac{1}{2}i$ der charakteristischen Gleichung. Aus den Anfangsbedingungen folgt via

```
var('k1,k2')
solve([k1+k2==0, (1/2+1/2*I)*k1+(1/2-1/2*I)*k2==1],
  k1, k2)                                            [[k1 == -I, k2 == I]]
```

die komplexe Lösung $-i(\frac{1}{2} + \frac{1}{2}i)^n + i(\frac{1}{2} - \frac{1}{2}i)^n$ der Rekursionsgleichung. Wegen $\frac{1}{2} \pm \frac{1}{2}i = \frac{1}{2}\sqrt{2}(\cos\frac{\pi}{4} \pm i\sin\frac{\pi}{4})$ ergibt sich die reelle Darstellung der Lösung

$$a_n = k_1 \left(\frac{1}{2}\sqrt{2}\right)^n \cos\frac{n\pi}{4} + k_2 \left(\frac{1}{2}\sqrt{2}\right)^n \sin\frac{n\pi}{4}$$

mit den Konstanten $k_1 = 0$ und $k_2 = 2$. Abbildung 8.1 visualisiert die Folge.

Komplexe Funktionen Zur Visualisierung einer Funktion $f : \mathbb{C} \to \mathbb{C}$ benötigt man eigentlich bereits ein vierdimensionales reelles Koordinatensystem. Um dennoch die Eigenschaften komplexer Funktionen in einer ebenen Darstellung visualisieren zu können, bietet Sage ein Kommando `complex_plot` an, mit dem sich auch verblüffende und ästhetische Bilder produzieren lassen.

`complex_plot` nimmt eine komplexe Funktion einer Variablen $z = x + iy$ und stellt die Funktion innerhalb eines gegebenen x- und y-Bereichs dar. Unter Zuhilfenahme der `lambda`-Notation aus Bemerkung 5.3 kann die Definition der Funktion auch direkt innerhalb des `complex_plot`-Befehls erfolgen. Beispielsweise visualisiert

```
complex_plot(lambda z: z^2, (-2, 2), (-2, 2))
```

die Funktion $z \mapsto z^2$ im Bereich $x = \Re(z) \in [-2, 2]$ und $y = \Im(z) \in [-2, 2]$. Hierbei wird der Betrag des Funktionswerts durch die Helligkeit reflektiert (wobei der Betrag Null der Farbe Schwarz und ein unendlich großer Betrag der Farbe Weiß entspricht). Das

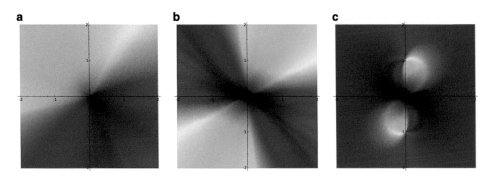

Abb. 8.2 Visualisierungen der komplexen Funktionen $z \mapsto z$ (**a**), $z \mapsto z^2$ (**b**) und $z \mapsto z^2/$
$(1 + z^2)$ (**c**)

Argument wird durch die Farbe dargestellt (wobei rot einer positiven reellen Zahl entspricht und dann mit wachsendem Argument die Farben orange, gelb, grün, blau, violett
durchläuft).

Abbildung 8.2 zeigt drei Visualisierungen komplexer Funktionen.

8.2   Die Mandelbrot-Menge

Die Mandelbrot-Menge (nach Benoît B. Mandelbrot, 1924–2010) ist eine durch eine einfache rekursive Vorschrift und eine Beschränktheitsbedingung beschriebene Teilmenge
der komplexen Zahlen. Wir werden einige Eigenschaften dieser in der Chaosforschung
relevanten Menge untersuchen und mit Hilfe von Sage Visualisierungen bereitstellen.
Am Ende des Abschnitts werden wir einige offene Probleme bezüglich der Mandelbrot-
Menge benennen.

▶ **Definition 8.4** Die *Mandelbrot-Menge M* ist die Menge aller komplexen Zahlen c, für
die die rekursiv definierte Folge

$$z_0 = 0, \quad z_{n+1} = z_n^2 + c \text{ für } n \geq 1$$

beschränkt bleibt:

$$M = \{c \in \mathbb{C} : \exists K \in \mathbb{N} \text{ mit } |z_n| < K \text{ für alle } n \in \mathbb{N}\}.$$

In den nachstehenden Untersuchungen verwenden wir die folgende Sage-Umsetzung
der Rekursion. Für die Zahlen $0, 1, \ldots, 6$ wird jeweils der Wert des fünften Folgenglieds
z_5 angegeben.

```
def Mandelbrot(c,n):
    if n == 0:
        return 0
    else:
        return Mandelbrot(c,n-1)^2 + c
[ Mandelbrot(k,5) for k in [0..6] ]
```

```
[0,
677,
2090918,
467078547,
26640768404,
670810140905,
9815100004842]
```

Es stellt sich unmittelbar die Frage, wie entschieden werden kann, ob eine gegebene komplexe Zahl in M enthalten ist. Vorweggenommen sei gesagt, dass dieses Problem sehr schwierig ist. Da keine exakten Verfahren zur Verfügung stehen, begnügt man sich oft mit computerbasierten Ergebnissen gewisser Abschätzungen des Problems, um eine Entscheidung zu treffen bzw. zu vermuten.

Ein erster Ansatz ist die Suche nach komplexen Zahlen c, die ab einem $n_0 \in \mathbb{N}$ die Folge (z_n) konstant werden lassen. Im Fall $n_0 = 0$ impliziert dies die Gleichung $0 = 0^2 + c$ und daher $c = 0$. Für $n_0 = 1$ ergibt sich die Gleichung $c = c^2 + c$, die $c = 0$ als doppelte Lösung hat. Die erste nichttriviale Lösung ergibt sich im Fall $n_0 = 2$, denn hier erhalten wir die Gleichung $c^2 + c = (c^2 + c)^2 + c$ vom Grad 4, die für $c \in \{-2, 0\}$ erfüllt wird. Für $c = -2$ lautet die Folge $(z_n)_{n \geq 0}$ also

$$0, -2, 2, 2, 2, 2, \ldots$$

und aufgrund der Konstanz ab $n = 2$ ist der Punkt $c = -2$ in der Mandelbrot-Menge M enthalten. Für $n_0 = 3$ ergibt sich eine Gleichung achten Grades, die bereits die fünf nachstehend aufgeführten Lösungen hat.

```
var('c')
L = solve(((c^2+c)^2+c)^2+c == (c^2+c)^2+c, c)
for l in L:
    print (l.rhs()).numerical_approx(digits=4)
```

```
-0.2281 - 1.115*I
-0.2281 + 1.115*I
-1.544
-2.000
0.0000
```

Für ein gegebenes c sind verschiedene Möglichkeiten für das Verhalten der Folge (z_n) möglich. Zum einen kann die Folge unbeschränkt sein. Ist sie beschränkt und folglich $c \in M$, dann kann sie konvergent sein oder periodisch oder gegen einen Grenzzyklus konvergieren. Im Falle der Konvergenz erhält man den Grenzwert durch Lösen der korrespondierenden Fixpunktgleichung.

Hinsichtlich des Falles der Divergenz der Folge (z_n) ist der folgende Satz zentral.

Theorem 8.5 *Ist $c \in \mathbb{C}$ mit $|c| > 2$, dann gilt $c \notin M$.*

Für den Beweis dieses Satzes benötigen wir zwei Lemmas.

Lemma 8.6 *Sei $|c| > 2$. Dann besitzt die Folge (z_n) die Eigenschaft*

$$|c| = |z_1| < |z_2| < |z_3| < \ldots$$

Beweis Wir zeigen die Behauptung $|z_{n+1}| > |z_n| \geq |c|$ mittels vollständiger Induktion. Für $n = 1$ erhalten wir $z_1 = c$ und somit $|z_1| = |c|$ sowie

$$\frac{|z_2|}{|z_1|} = \frac{|c^2 + c|}{|c|} = |c + 1| \geq |c| - 1 > 1,$$

woraus die Gültigkeit für $n = 1$ folgt.

Die Behauptung gelte nun für ein $n \in \mathbb{N}$. Dann folgt mit $|z_{n+1}| > |z_n| \geq |c|$ sowie der Voraussetzung $|c| > 2$:

$$
\begin{aligned}
|z_{n+2}| &= |z_{n+1}^2 + c| \geq |z_{n+1}^2| - |c| = |z_{n+1}|^2 - |c| > 2|z_{n+1}| - |c| \\
&\geq |z_{n+1}|,
\end{aligned}
$$

womit der Induktionsschluss gezeigt ist. $\qquad\qquad\qquad\qquad\qquad\qquad\qquad\quad\square$

Das in dem Lemma gezeigte Anwachsen der Beträge reicht alleine noch nicht aus, um auf die Unbeschränktheit der Folge zu schließen. Ein weiteres Lemma schafft jedoch Abhilfe.

Lemma 8.7 *Sei $|c| > 2$. Dann besitzt die Folge (z_n) für alle $n \geq 2$ die Eigenschaft*

$$|z_n| \geq |z_2| + (2^{n-2} - 1) \cdot (|z_2| - |c|).$$

Beweis Wir gehen wieder induktiv vor. Der Induktionsanfang $n = 2$ ist wegen $|z_2| \geq |z_2|$ klar. Gilt die Behauptung nun für ein $n \geq 2$, dann folgt zunächst

$$|z_{n+1}| \geq |z_{n+1} - c| - |c| = |z_n|^2 - |c|.$$

Mit Lemma 8.6 und der Induktionsannahme ergibt sich abschließend

$$
\begin{aligned}
|z_{n+1}| &> 2|z_n| - |c| \\
&\geq 2(|z_2| + (2^{n-2} - 1)(|z_2| - |c|)) - |c| \\
&= 2^{n-1}|z_2| - (2^{n-1} - 2)|c| - |c| \\
&= |z_2| + (2^{n-1} - 1)(|z_2| - |c|).
\end{aligned}
$$

$\qquad\qquad\qquad\qquad\qquad\qquad\qquad\qquad\qquad\qquad\qquad\qquad\qquad\qquad\quad\square$

Damit ist auch der Beweis von Satz 8.5 vollbracht, denn in der Situation von Lemma 8.6 wächst die Folge der Beträge streng monoton, so dass nach Lemma 8.7 garantiert, dass $|z_n|$ für $n \to \infty$ beliebig groß wird. Anders ausgedrückt besagt Satz 8.5 also, dass

$$M \subseteq \{c \in \mathbb{C} : |c| \leq 2\}.$$

Nun ist weiterhin nicht klar, ob die Folge (z_n) für ein $c \in \mathbb{C}$ mit $|c| \leq 2$ in M enthalten ist. Sei zum Beispiel $c = 0{,}5 + 0{,}8i$ mit $|c| = 0{,}94$. Was kann man über das Enthaltensein von c in M sagen? Wir zeigen zunächst ein Kriterium, bei dessen Erfüllung auch ein gegebener Punkt c mit $|c| \leq 2$ nicht in M enthalten ist.

Theorem 8.8 *Sei $c \in \mathbb{C}$ mit $|c| \leq 2$, und es existiere ein Folgenglied z_n mit $|z_n| > 2$. Für alle $m \in \mathbb{N}_0$ gilt dann*

$$|z_{n+m}| \geq \left(2 - \frac{|c|}{|z_n|}\right)^m |z_n|.$$

Beweis Für $m = 0$ ist die Behauptung offensichtlich. Wir nehmen – erneut induktiv – an, die Behauptung sei für ein $m \in \mathbb{N}$ wahr. Speziell gilt dann $|z_{n+m}| \geq |z_n| > 2$, da $2 - \frac{|c|}{|z_n|} > 1$. Im Induktionsschritt folgt

$$|z_{n+m+1}| = \left|\frac{z_{n+m+1}}{z_{n+m}}\right| \cdot |z_{n+m}| = \left|z_{n+m} + \frac{c}{z_{n+m}}\right| \cdot |z_{n+m}|$$

$$\geq \left(|z_{n+m}| - \frac{|c|}{|z_{n+m}|}\right) \cdot |z_{n+m}|$$

$$> \left(2 - \frac{|c|}{|z_n|}\right) \cdot |z_{n+m}|,$$

woraus sich mit der Induktionsannahme die Behauptung ergibt. □

Da $2 - \frac{|c|}{|z_n|} > 1$, wird die rechte Seite in Satz 8.8 für wachsende m beliebig groß, so dass folglich $c \notin M$ ist. Findet man also ein beliebiges Folgenglied z_n mit $|z_n| > 2$, so gilt bereits $c \notin M$.

Wir kommen zurück zu unserem Beispiel $c = 0{,}5 + 0{,}8i$. Mittels Sage berechnen wir die ersten Glieder der Folge (z_n):

```
def Mandelbrot(n):
    if n == 0:                              [4/5*I + 1/2,
        return 0                             8/5*I + 11/100,
    else:                                    144/125*I - 20479/10000]
        return Mandelbrot(n-1)^2+(1/2+4/5*I)
[ Mandelbrot(k) for k in [1..3] ]
```

Wegen $|z_3| = |\frac{144}{125}i - \frac{20.479}{10.000}| > 2$, folgt mit Satz 8.8 sofort, dass $c = 0{,}5 + 0{,}8i$ nicht in M enthalten sein kann.

Visualisierung der Mandelbrot-Menge Nach den vorangestellten Nachweisen einiger struktureller Eigenschaften visualisieren wir nun die Mandelbrot-Menge M in Sage. In nachstehendem Programmstück bewirkt der Befehl break das vorzeitige Verlassen der Schleife im Falle der Erfülltheit der Bedingung abs(z) > 2. Im Falle, dass kein vorzeitiger Schleifenabbruch erfolgt, wird der Befehl hinter dem else ausgeführt, also die komplexe Zahl 0 zurückgegeben. Kommt die Schleife aufgrund des break-Befehls zum Abbruch, wird der Stand des Iterationszählers j als Imaginärteil zurückgegeben.

Abb. 8.3 Visualisierung
der Mandelbrot-Menge im
Bereich $\Re(z) \in [-2, 1]$,
$\Im(z) \in [-1,5, 1,5]$

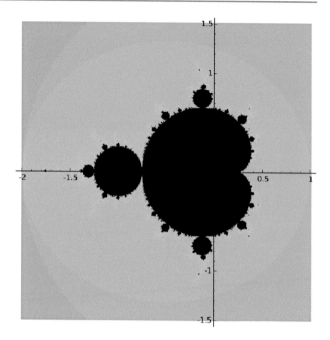

```
def mandelbrot(c):
    z = complex(0,0)
    c = complex(c)
    for j in range(100):
        if abs(z) > 2:
            break
        z = z^2+c
    else:
        return complex(0,0)
    return complex(0,j)
```

Man beachte, dass der wesentliche Schritt in diesem Programmcode gerade aus dem
Satz 8.5 besteht, der besagt, dass alle c mit $|c| > 2$ nicht in M enthalten sind. Eine
weitere Zeile in Sage

```
complex_plot(mandelbrot, (-2,1), (-1.5,1.5), plot_points=1000)
```

liefert dann die bemerkenswerte Visualisierung der Mandelbrot-Menge in Abb. 8.3.

Ein Ausblick auf weitere Eigenschaften der Mandelbrot-Menge Hinsichtlich der
grundlegenden topologischen Eigenschaften einer gegebenen Menge (hier: in $\mathbb{C}$) sind die
beiden folgenden Begriffe von Bedeutung.

▶ **Definition 8.9** Eine Menge $A \subseteq \mathbb{C}$ heißt

- *zusammenhängend, wenn es keine zwei disjunkten, nichtleeren, offenen Teilmengen A_1 und A_2 gibt mit $A_1 \cup A_2 = A$,*
- *wegzusammenhängend, wenn für jedes Paar $x, y \in A$ eine stetige Abbildung p : $[0, 1] \mapsto A$ mit $p(0) = x$ und $p(1) = y$ existiert.*

Im Jahr 1982 zeigten Douady und Hubbard, dass die Mandelbrot-Menge M zusammenhängend ist. Es ist jedoch ein offenes Problem, ob M auch wegzusammenhängend ist.

Da alle Punkte außerhalb des Kreises mit Radius zwei nicht zur Mandelbrot-Menge gehören, ist der Flächeninhalt der Mandelbrot-Menge M beschränkt, und 4π ist eine – recht grobe – obere Schranke. Es existieren zwar bessere obere Schranken und auch untere Schranken, bis heute ist es jedoch ein offenes Problem, den exakten Flächeninhalt von M zu bestimmen. Im Gegensatz zum Flächeninhalt von M ist die Länge des Randes von M jedoch nicht beschränkt.

In der Theorie der dynamischen Systeme ist der Begriff des *Chaos* zentral. Ohne diesen näher definieren zu wollen, geben wir hier eine kurze Erklärung für diesen Effekt anhand der Mandelbrot-Menge. Ein Hauptmerkmal des Chaosbegriffs ist, dass geringe Abweichungen in den Ausgangswerten nach einer kleinen Anzahl an Iterationen bereits zu großen Abweichungen in den Ergebnissen führen. So können also die Folgenglieder z_n für zwei verschiedene, aber nah beieinander liegende Werte von c zu sehr unterschiedlichen Dynamiken der Folge (z_n) führen. Ein Beispiel hierfür wird in Übungsaufgabe 10 genauer untersucht.

8.3 Die diskrete Fourier-Transformation (*)

Zum Abschluss des Kapitels betrachten wir noch einen wichtigen algorithmischen Zusammenhang zu den in Abschn. 7.1 behandelten Multiplikationsmethoden.

Um zwei Polynome $f, g \in \mathbb{C}[x]$ zu multiplizieren, lassen sich die in Abschn. 7.1 behandelten Techniken zur Multiplikation ganzer Zahlen übertragen. Tatsächlich gestalten sich die Schulmethode und der Karatsuba-Algorithmus bei der Anwendung auf den Polynomfall konzeptuell sogar etwas einfacher, da keine Überträge bei den Additionen (von der Potenz x^n auf die Potenz x^{n+1}) erforderlich sind. Hinsichtlich der Zeitkomplexität eines Algorithmus werden wir die Multiplikation zweier komplexer Zahlen als Elementaroperation betrachten und die Anzahl dieser Operationen zählen. Mit dem auf die Polynomsituation angepassten Karatsuba-Algorithmus läst sich das Produkt zweier Polynome $f, g \in \mathbb{C}[x]$ daher mit höchstens $O(n^{\log_2 3})$ komplexen Multiplikationen bestimmen.

Bevor wir die Frage, ob es noch bessere Algorithmen zur Multiplikation von Polynomen gibt, positiv beantworten, weisen wir – wie bereits in Abschn. 7.1 erwähnt – darauf hin, dass die Multiplikation ganzer Zahlen auf die Multiplikation von Polynomen zurückgeführt werden kann.

Um etwa die ganzen Zahlen $a = 2357$ und $b = 2468$ zu multiplizieren, setze

$$p(x) = 2x^3 + 3x^2 + 5x + 7\,,$$
$$q(x) = 2x^3 + 4x^2 + 6x + 8\,,$$

und bestimme die Koeffizienten des Polynoms

$$r(x) = \sum_{j=0}^{6} r_j x^j = p(x)q(x)\,.$$

Durch Substitution ergibt sich nun das gewünschte Ergebnis,

$$r = r(10) = p(10)q(10) = a \cdot b\,.$$

Der nachfolgend beschriebenen Methode zur Multiplikation zweier Polynome liegt die fundamentale Beobachtung zugrunde, dass Polynome nicht nur durch die Angabe ihrer Koeffizienten, sondern alternativ durch die Werte an gewissen Stützstellen beschrieben werden können. In der Stützstellendarstellung kann die Polynommultiplikation sehr effizient ausgeführt werden. Da wir schließlich wieder zur Koeffizientendarstellung zurückkehren müssen, bietet sich folgendes Vorgehen an:

1. Bestimme die Werte von p und q an n Punkten $x_0, \ldots, x_{n-1}$, wobei n die Summe der Grade von p und q ist.
2. Werte r an diesen Punkten via $r(x_k) = p(x_k)q(x_k)$ aus.
3. Bestimme aus den Werten $r(x_k)$ die Werte der Koeffizienten r_j.

Für den zweiten Schritt werden lediglich n Multiplikationen benötigt.

Eine geschickte Wahl der x_k sind die Werte der k-ten Einheitswurzeln

$$x_k = e^{2\pi i k/n} \quad 0 \le k < n\,.$$

Im Folgenden nennen wir eine n-te Einheitswurzel ω *primitiv*, falls $\omega^k \neq 1$ für $1 \le k < n$.

Schritt 1 Gegeben sei das Polynom $A(x) = \sum_{j=0}^{n-1} a_j x^j$, und es sei $\omega = e^{2\pi i/n}$ eine primitive n-te Einheitswurzel. Wir bezeichnen mit $\bar{a}_k := A(\omega^k)$ die Auswertung von A an den Stellen ω^k. Den Übergang von den Koeffizienten a_j zu den Werten $\bar{a}_k$ bezeichnet man als *diskrete Fourier-Transformation*,

$$\mathrm{DFT}_\omega : \mathbb{C}^n \quad \to \quad \mathbb{C}^n,$$
$$A \quad \mapsto \quad (A(1), A(\omega), \ldots, A(\omega^{n-1}))\,.$$

Die Bestimmung der diskreten Fourier-Transformation durch Berechnung aller definierender Summen würde quadratisch viele Multiplikationen erfordern. Durch geschickteres Vorgehen (*schnelle Fourier-Transformation*) kommt man jedoch mit weniger Multiplikationen aus.

Die schnelle Fourier-Transformation Wir gehen vereinfachend davon aus, dass n eine Zweierpotenz ist (dies kann mit geeigneter Auffüllung mit Nullkoeffizienten immer erreicht werden) und führen die Bestimmung des Fourier-Koeffizienten $\bar{a}_k$ auf zwei kleinere Summen mit geraden bzw. ungeraden Werten von k zurück.

$$\bar{a}_k = \sum_{j=0}^{n-1} a_j e^{2\pi i j k/n}$$

$$= \sum_{j=0}^{n/2-1} a_{2j} e^{2\pi i (2j)k/n} + \sum_{j=0}^{n/2-1} a_{2j+1} e^{2\pi i (2j+1)k/n}$$

$$= \sum_{j=0}^{n/2-1} a_{2j} e^{2\pi i j k/(m/2)} + \omega^k \sum_{j=0}^{m/2-1} a_{2j+1} e^{2\pi i j k/(n/2)} .$$

Daraus wird ersichtlich, dass die Bestimmung der Fourier-Koeffizienten rekursiv auf zwei Probleme halber Größe (und linearem Organisationsaufwand) zurückgeführt werden kann, so dass der erforderliche Aufwand (für gegebenes n) nach dem Master-Theorem 6.20 nur mit $O(n \log n)$ wächst.

Schritt 2: Konvolution Um die Fourier-Koeffizienten eines Polynoms $r(x) = p(x)q(x)$ zu bestimmen, dient die folgende Konvolutionssaussage: Die Fourier-Koeffizienten eines Polynoms $r(x) = p(x)q(x)$ ergeben sich durch Multiplikation der Fourier-Koeffizienten von $p(x)$ und $q(x)$.

Schritt 3: Bestimmung der Koeffizienten von $r(x)$ Den Schritt der Bestimmung der Koeffizienten von $r(x)$ aus den Fourier-Koeffizienten bezeichnet man auch als *inverse diskrete Fourier-Transformation*.

Es zeigt sich, dass die Bestimmung einer inversen Fouriertransformation IDFT_ω einfach auf die Bestimmung einer Fourier-Transformation bezüglich der primitiven Einheitswurzel ω^{-1} zurückgeführt werden kann. In der nachfolgenden Darstellung ist es zweckmäßig, den durch die diskrete Fourier-Transformation definierten n-stelligen Koeffizientenvektor wieder als ein Polynom aufzufassen.

Lemma 8.10 *Mit der Definition* $\text{IDFT}_\omega(A(x)) = \frac{1}{n} \text{DFT}_{\omega^{-1}}(A(x))$ *ist* IDFT_ω *die Inverse der diskreten Fouriertransformation.*

Beweis Es genügt zu zeigen, dass $n \, \mathrm{IDFT}_\omega(\mathrm{DFT}_\omega(A(x))) = n(a_0, \ldots, a_{n-1})$, wobei $\mathrm{DFT}_\omega(A(x))$ als ein Polynom aufgefasst wird. Für die als Polynom interpretierte Transformierte $\mathrm{DFT}_\omega(A(x))$ ergibt sich

$$\bar{A}(t) = \sum_{k=0}^{n-1} \bar{a}_k t^k = \sum_{k=0}^{n-1} A(\omega^k) t^k$$

$$= \sum_{k=0}^{n-1} \sum_{j=0}^{n-1} a_j \omega^{jk} t^k \, .$$

Folglich ist

$$n \cdot \mathrm{IDFT}_\omega(\mathrm{DFT}_\omega(A(x))) = \mathrm{DFT}_{\omega^{-1}}(\bar{A}(t))$$

$$= \left(\bar{A}(1), \bar{A}(\omega^{-1}), \ldots, \bar{A}(\omega^{-n+1}) \right)$$

$$= \left(\sum_{k=0}^{n-1} \sum_{j=0}^{n-1} a_j \omega^{jk} \omega^{-kl} \right)_{0 \leq l \leq n-1} .$$

Nach Vertauschen der Summationsreihenfolge ergibt die rechte Seite

$$\left(\sum_{j=0}^{n-1} a_j \sum_{k=0}^{n-1} (\omega^{j-l})^k \right)_{0 \leq l \leq n-1} ,$$

so dass sich durch Anwendung von Lemma 8.2 auf die (nicht notwendig primitive) Einheitswurzel ω^{j-l} das gewünschte Ergebnis $n(a_0, \ldots, a_{n-1})$ ergibt. $\square$

Wir geben ein Beispiel für die Anwendung der diskreten Fouriertransformation in der Polynommultiplikation. Seien $p(x) = 2x^2 + 3x - 4$ und $q(x) = x - 1$. Das Produkt $r(x)$ der Polynome hat den Grad drei, also werden $n = 4$ Koeffizienten benötigt, was bereits eine Zweierpotenz ist. Die Koeffizientenvektoren der Polynome sind

$$p = (-4, 3, 2, 0) \quad \text{und} \quad q = (-1, 1, 0, 0).$$

Die vierte primitive Einheitswurzel ist $\omega = e^{\frac{2i\pi}{4}} = i$. Für die diskrete Fourier-Transformationen gilt dann

$$\mathrm{DFT}_i(p) = (1, -6 + 3i, -5, -6 - 3i) \quad \text{und} \quad \mathrm{DFT}_i(q) = (0, -1 + i, -2, -1 - i)$$

und mit der komponentenweisen Multiplikation (Schritt 2) erhalten wir

$$\psi := \mathrm{DFT}_i(r) = \mathrm{DFT}_i(p \cdot q) = (0, 3 - 9i, 10, 3 + 9i).$$

Nun wenden wir die inverse diskrete Fouriertransformation an. Es gilt $\omega^{-1} = i^{-1} = -i$ und folglich

$$r = \text{IDFT}_i(\psi) = \frac{1}{4}\,\text{DFT}_{-i}(\psi) = \frac{1}{4}(16, -28, 4, 8) = (4, -7, 1, 2).$$

Damit ist also $r(x) = p(x)q(x) = 4 - 7x + x^2 + 2x^3$.

Auf der Grundlage der diskreten Fouriertransformation haben Schönhage und Strassen einen – bereits in in Kap. 7 erwähnten – Algorithmus zur Multiplikation ganzer n-stelliger Zahlen entwickelt, der die Laufzeit $O(n \log n \log \log n)$ hat. Für die Einzelheiten dieses Algorithmus, der nicht explizit mit komplexen Einheitswurzeln arbeitet, sondern diese virtuell simuliert, verweisen wir auf die weiterführende Literatur.

8.4 Übungsaufgaben

1. Beweisen Sie die Dreiecksungleichung für komplexe Zahlen $z_1, z_2 \in \mathbb{C}$:

    $$|z_1 + z_2| \le |z_1| + |z_2|.$$

2. Zeigen Sie, dass die Gleichung

    $$\frac{1}{a} + \frac{1}{b} = \frac{1}{a + b}$$

    nur dann eine Lösung besitzt, wenn mindestens eine der beiden Zahlen a, b nicht-reell ist, und bestimmen Sie explizit ein solches Paar.

3. Die Menge

    $$K = \left\{ z \in \mathbb{C} : \text{Re}\left(\frac{z + 1}{z - 1} \right) = 2 \right\}$$

    stellt einen Kreis in der Ebene $\mathbb{R}^2$ dar. Bestimmen Sie die Kreisgleichung, den Radius und den Mittelpunkt des Kreises. Zeichnen Sie anschließend den Kreis in `Sage`.

4. Für die Glieder der geometrischen Folge gibt es eine Summenformel, die es erlaubt, $1 + q + q^2 + \cdots + q^n$ zu berechnen; sie gilt auch für komplexe Werte q. Berechnen Sie unter Benutzung der Polarform einer komplexen Zahl die Summe

    $$\sum_{k=0}^{30}(1, 1 - 0, 2i)^k.$$

Überprüfen Sie Ihre Rechnung anschließend in `Sage`.

5. Sei $z = x + iy$ eine komplexe Zahl. Geben Sie eine geometrische Begründung für
    die Ungleichung

$$\max\{|x|, |y|\} \leq |z| \leq |x| + |y|.$$

    Wann gilt in obiger Ungleichung stets Gleichheit?

6. Sei $k \in \mathbb{N}$. Zeigen Sie, dass jedes $c \in \mathbb{C}$ eine k-te Wurzel d besitzt, d. h., es gibt ein
    $d \in \mathbb{C}$ mit $d^k = c$.

7. Gegeben sei die Folge $a_n = \mathrm{ggT}(n, 4)$. Schreiben Sie a_n als lineare Rekursionsglei-
    chung vierter Ordnung und benutzen Sie den Ansatz über Erzeugendenfunktionen,
    um eine geschlossene Formel für a_n zu bestimmen. Hinweis: Die Nullstellen des
    charakteristischen Polynoms sind komplex.

8. Zeigen Sie, dass die Mandelbrot-Menge M symmetrisch zur reellen Achse ist.

9. Zeigen Sie, dass die Mandelbrot-Menge M die reelle Achse genau im Intervall
    $[2, -\frac{1}{4}]$ schneidet.

10. Untersuchen Sie experimentell mittels `Sage` die Dynamik der Folge (z_n) für die
    Werte $c = -1,9$ und $c = -1,95$. Lassen Sie sich ferner die Abweichungen der Fol-
    genglieder für die zwei c-Werte ausgeben und plotten Sie geeignete Realisierungen.

8.5   Anmerkungen

Zu den Grundlagenaspekten komplexer Zahlen sei auf die Analysis-Bücher von Grieser [Gri15] und Königsberger [Kön04] verwiesen. Ein weitreichender Einblick in die
Mandelbrot-Menge und ihrer Eigenschaften findet sich in [Man04].

Weiterführende Informationen zur diskreten Fourier-Transformation sowie ihren Anwendungen sind beispielsweise in dem Buch von von zur Gathen und Gerhard [GG03]
enthalten.

Literatur

[GG03] GATHEN, J. VON Z. ; GERHARD, J.: *Modern Computer Algebra*. Cambridge: Cambridge
        University Press, 2. Auflage, 2003

[Gri15] GRIESER, D.: *Analysis I*. Springer Spektrum, Wiesbaden, 2015

[Kön04] KÖNIGSBERGER, K.: *Analysis 1*. 6. Auflage. Springer-Verlag, Berlin, 2004

[Man04] MANDELBROT, B.B.: *Fractals and Chaos*. New York: Springer, 2004

Computerorientierte lineare Algebra 9

Nachdem wir bereits in Abschn. 5.2 erste Spuren der linearen Algebra in `Sage` kennengelernt haben, betrachten wir nun einige vertiefende Aspekte der computerorientierten linearen Algebra sowie deren Umsetzung in `Sage`. Wir gehen davon aus, dass Sie, liebe Leserin und lieber Leser, mit den grundlegenden Begriffen der linearen Algebra vertraut sind und verweisen hierfür auch auf Kap. 13.

Im Mittelpunkt unserer Betrachtungen stehen Vektoren, Matrizen, lineare Gleichungssysteme, Determinanten sowie Eigenwerte. In den Abschn. 9.5 bis 9.6 beleuchten wir den euklidischen Algorithmus, Rekursionen sowie geometrische Drehungen und Spiegelungen vom Standpunkt der linearen Algebra. Schließlich behandeln wir in Abschn. 9.7 eine Anwendung der linearen Algebra bei der Rangermittlung von Ergebnissen in Internet-Suchmaschinen.

9.1 Vektoren und Matrizen

In der linearen Algebra betrachtet man Vektorräume über einem gegebenen Körper K. Für unsere Zwecke sind insbesondere die Vektorräume K^n mit den natürlichen Operationen relevant, zum Beispiel $\mathbb{Q}^n$, $\mathbb{R}^n$ oder $\mathbb{C}^n$ mit der Vektoraddition und der Skalarmultiplikation.

Vektoren Wie bereits bei den ersten `Sage`-Schritten in der linearen Algebra in Abschn. 5.2 erwähnt, können Vektoren auf verschiedene Weisen definiert werden. Einen Vektor mit drei Komponenten über dem Körper $\mathbb{Q}$ erhält man mittels

```
vector(QQ, [1,1/2,1/3])          (1, 1/2, 1/3)
```

Das Kommando

```
v.parent()          Vector space of dimension 3 over Rational Field
```

© Springer Fachmedien Wiesbaden 2016
T. Theobald, S. Iliman, *Einführung in die computerorientierte Mathematik mit Sage*,
Springer Studium Mathematik – Bachelor, DOI 10.1007/978-3-658-10453-5_9

bestätigt uns, dass ein dreidimensionaler Vektorraum über dem Körper der rationalen Zahlen zugrunde liegt.

Definiert man – wie in Abschn. 5.2 – einen Vektor ohne Angabe eines Grundbereichs, dann wird ein naheliegender Grundbereich zugeordnet.

```
v = vector([1,1/2,1/3])
v.parent()                 Vector space of dimension 3 over Rational Field
w = vector([1,1,-4])
w.parent()                 Ambient free module of rank 3 over the principal
                           ideal domain Integer Ring
```

Ohne auf die Details der letzten Ausgabeinformation einzugehen, bedeutet sie, dass der Vektor $(1, 1/2, 1/3)$ als Vektor rationaler Zahlen und der Vektor $(1, 1, -4)$ als ganzzahliger Vektor betrachtet wird. Die Tatsache, dass $\mathbb{Z}$ kein Körper – und daher $\mathbb{Z}^n$ kein Vektorraum – ist, wird weiter unten noch eine Rolle spielen.

Vektoren sind in Sage als Listen realisiert, und auf die einzelnen Komponenten kann entsprechend mittels eckiger Klammern zugegriffen werden. Die Indizierung der Komponenten eines Vektors beginnt in Sage bei 0.

```
w                          (1, -1, 4)
w[0]                       1
w[1]                       1
w[2]                       -4
```

Vektoren in $\mathbb{Q}^n$, $\mathbb{R}^n$, $\mathbb{C}^n$ (und auch ganzzahlige Vektoren) können mittels $+$ und $-$ addiert werden bzw. mittels $*$ mit einem Skalar multipliziert werden. Mit w.column() lässt sich w als Spaltenvektor auffassen, und w.degree() gibt die Anzahl der Komponenten zurück.

```
w.column()                 [1]
                           [1]
                           [-4]
w.degree()                 3
```

Eine multiplikative Verknüpfung w*u zweier Vektoren w und u bestimmt das Punktprodukt $\sum_{i=1}^{n} w_i u_i$. Im Falle reeller Vektoren ist dieses Produkt ein Skalarprodukt.

```
u = vector([1,3,-4])
w*u                        20
```

Matrizen Eine Anordnung von Skalaren $a_{ij} \in K$ in m Zeilen und n Spalten der Form

$$A = \begin{pmatrix} a_{11} & a_{12} & \cdots & a_{1n} \\ a_{21} & a_{22} & \cdots & a_{2n} \\ \vdots & \vdots & \ddots & \vdots \\ a_{m1} & a_{m2} & \cdots & a_{mn} \end{pmatrix}$$

heißt eine *m* × *n-Matrix* über *K*. Die Menge aller *m* × *n*-Matrizen mit Koeffizienten aus *K* bildet bezüglich der Matrixaddition und der Skalarmultiplikation von Matrizen einen Vektorraum über *K*. Das neutrale Element bezüglich der Matrixaddition ist die Nullmatrix der Dimension *m* × *n*. Im Allgemeinen ist die Matrixmultiplikation nicht kommutativ.

In Sage lassen sich Matrizen wie folgt zeilenweise definieren, wobei analog zu Vektoren die Indizierung der Zeilen und Spalten bei Null beginnt.

```
A = matrix(3,3,[[1,2,3],[4,5,6],[6,7,8]])
B = matrix(3,3,[[1,0,2],[3,5,7],[2,2,3]])
A[2,2]                                              8
```

Mittels `matrix(2,4)` wird eine 2 × 4-Nullmatrix erzeugt. Zur Matrixaddition, Matrixmultiplikation und Skalarmultiplikation von Matrizen verwendet man A+B, A*B bzw. 3*A. Nachstehende Tabelle gibt einige weitere Operationen auf Matrizen an:

A.transpose()	Transponierte Matrix A^T
A.row(i)	Vektor der *i*-ten Zeile von *A*
A.column(j)	Vektor der *j*-ten Spalte von *A*

Mit dem Befehl `A.submatrix(k,l)` erhält man die durch Streichen der *k*-ten Zeile und der *l*-te Spalte hervorgehende Untermatrix.

```
A.submatrix(1,1)                          [5  6]
                                          [7  8]
```

Bei einer Zuweisung C = A wird lediglich ein neuer Verweis auf das gleiche Objekt angelegt, so dass sich Änderungen der Elemente in *A* auch *C* ändern. Um eine echt neue Kopie einer Matrix zu erzeugen, ist der copy-Befehl zu verwenden. Die rechte Seite des nachfolgenden Programmstücks zeigt die Ausgabe der Matrizen C und D.

```
A = matrix(2,3,[[1,2,3],[4,5,6]])          [-3   2   3]
C = A                                      [ 4   5   6]
D = copy(A)
A[0,0] = -3
C                                          [1 2 3]
D                                          [4 5 6]
```

Spezielle Matrizen In vielen Situationen oder Anwendungen sind Matrizen im Spiel, die eine gewisse Struktur in sich tragen, beispielsweise Einheitsmatrizen, Diagonalmatrizen oder Blockdiagonalmatrizen. In Sage lassen sich solche Matrizen mit den folgenden Befehlen erzeugen:

```
E = identity_matrix(3)
D = diagonal_matrix([1,2,3,4])
```

Nachstehendes Fragment dient zur Erzeugung einer Blockdiagonalmatrix, also einer in Blöcke aufgeteilten Matrix, bei der nur die Diagonalblöcke von Null verschiedene Einträge enthalten können. Die entstehende 6×6-Matrix hat drei identische 2×2-Blöcke:

```
F = matrix(ZZ, 2, 2, [1,2,3,4])
block_diagonal_matrix(F, F, F)
```

9.2 Lineare Gleichungssysteme

Wir betrachten lineare Gleichungssysteme über einem gegebenen Körper K, der Einfachheit halber setzen wir $|K| = \infty$ voraus. Ein lineares Gleichungssystem aus m Gleichungen mit n Unbekannten $x_1, \ldots, x_n$ hat die Form

$$
\begin{aligned}
a_{11}x_1 + a_{12}x_2 + \cdots + a_{1n}x_n &= b_1 , \\
a_{21}x_1 + a_{22}x_2 + \cdots + a_{2n}x_n &= b_2 , \\
&\vdots \\
a_{m1}x_1 + a_{m2}x_2 + \cdots + a_{mn}x_n &= b_m
\end{aligned}
$$

und wird durch die Koeffizientenmatrix $A = (a_{ij}) \in K^{m \times n}$ und den Vektor $b = (b_1, \ldots, b_m)^T \in K^n$ beschrieben. Ist $b = 0$, dann heißt das Gleichungssystem *homogen*. Hinsichtlich der Lösbarkeit linearer Gleichungssysteme sind bekanntlich drei Fälle zu unterscheiden:

1. Das lineare Gleichungssystem besitzt keine Lösung.
2. Das lineare Gleichungssystem besitzt genau eine Lösung.
3. Das lineare Gleichungssystem besitzt unendlich viele Lösungen.

Ein lineares Gleichungssystem heißt *unterbestimmt*, wenn $m < n$ gilt, wenn also weniger Gleichungen als Unbekannte existieren. Derartige Systeme können keine eindeutige Lösung besitzen. Damit gibt es entweder keine Lösung oder unendlich viele Lösungen. Im Fall $m > n$ heißt das Gleichungssystem *überbestimmt*. Die quadratischen Gleichungssysteme $m = n$ genießen eine besonders wichtige Rolle; die Lösbarkeit solcher Systeme ist mit der im kommenden Abschnitt näher behandelten Determinante entscheidbar. Besonders einfach sind Gleichungssysteme zu lösen, deren Koeffizientenmatrix A die im Folgenden erläuterte *Zeilenstufenform* hat. Wir betrachten hierzu Matrizen, bei denen für ein $r \in \{1, \ldots, m\}$ die Zeilen $1, \ldots, r$ jeweils von Null verschieden sind und die Zeilen $r + 1, \ldots, m$ verschwinden. Bezeichnet j_i den niedrigsten Spaltenindex eines von Null verschiedenen Elements in Zeile i, dann bedeutet die Eigenschaft der Zeilenstufenform, dass $j_1 < j_2 < \cdots < j_r$.

Beispiel 9.1 Wir bestimmen die Lösung des Gleichungssystems

$$\begin{pmatrix} 1 & 2 & 3 \\ 2 & 3 & 5 \\ 7 & 11 & 13 \end{pmatrix} x = \begin{pmatrix} 10 \\ 11 \\ 10 \end{pmatrix}.$$

In `Sage` kann die Matrix A wie folgt auf Zeilenstufenform gebracht werden:

```
A = matrix(3,3,[[1,2,3],[2,3,5],[7,11,13]])
A.echelon_form()
```
```
[1 0 1]
[0 1 1]
[0 0 5]
```

Das System besitzt also eine eindeutige Lösung. Mit `Sage` lässt sich diese Lösung auch sofort explizit angeben:

```
b = vector([10,11,10])
x = A.solve_right(b)
```
```
(-73/5, 12/5, 33/5)
```

Hierbei löst der Befehl `x = A.solve_right(b)` das Gleichungssystem $Ax = b$.

Eine Lösung eines unterbestimmten linearen Gleichungssystems erhält man durch den gleichen Befehl. Allerdings ist hier Vorsicht geboten, da `Sage` freie Variablen stets auf 0 setzt. Wir betrachten dazu ein Beispiel, indem wir das obige System um eine Spalte erweitern und den Vektor b beibehalten.

```
A = matrix(3,4,[[1,2,3,4],[2,3,5,1],[7,11,13,4]])
x = A.solve_right(b)
```
```
(-73/5, 12/5, 33/5, 0)
```

Unter den unendlich vielen Lösungen des unterbestimmten Gleichungssystems sucht `Sage` diejenige Lösung heraus, bei der ein freier Parameter auf 0 gesetzt ist. Zur Illustration dieser Situation sei die Zeilenstufenform von A aufgeführt, aus der hervorgeht, warum `Sage` die vierte Komponente als den freien Parameter betrachtet.

```
A.echelon_form()
```
```
[ 1   0   1 -10]
[ 0   1   1   7]
[ 0   0   5   3]
```

Anmerkung 9.2 Da die zuvor verwendete Matrix A ganzzahlige Einträge hat, werden bei der Berechnung der angegebenen Zeilenstufenform nur ganzzahlige Elementaroperationen verwendet. Weil $\mathbb{Z}$ kein Körper ist (und folglich $\mathbb{Z}^n$ kein Vektorraum), kommen keine skalaren Divisionen zum Einsatz. Wird A als rationale Matrix definiert, ergibt sich eine nachstehende Zeilenstufenform.

```
A = matrix(QQ,3,4,[[1,2,3,4],[2,3,5,1],
                   [7,11,13,4]])
A.echelon_form()
```
```
[ 1   0   0 -53/5]
[ 0   1   0  32/5]
[ 0   0   1   3/5]
```

Das Beispiel demonstriert die bereits in Abschn. 3.2 sowie zu Beginn von Abschn. 9.1 erwähnte mögliche Abhängigkeit von `Sage`-Berechnungen vom zugrunde liegenden Körper bzw. Ring. Welche Ausgabe erhalten Sie, wenn Sie die Matrix A als reelle Matrix in `Sage` betrachten?

Als Anwendung linearer Gleichungssysteme betrachten wir das Beispiel der Summenformeln aus Abschn. 2.2 für allgemeine Exponenten. Für $m, n \in \mathbb{N}$ sei

$$S_m(n) = \sum_{i=1}^{n} i^m = 1^m + 2^m + \cdots + n^m.$$

In Abschn. 2.2 haben wir explizite Formeln für kleine Werte von m verifiziert,

$$S_1(n) = \frac{n}{2}(n+1), \qquad S_2(n) = \frac{n}{6}n(n+1)(2n+1), \qquad S_3(n) = \frac{n^2}{4}(n+1)^2,$$

es erscheint jedoch nicht offensichtlich, wie die Koeffizienten für allgemeines m aussehen. Wir untersuchen daher nun experimentell die Koeffizienten der Formeln für größere Werte von m. Hierzu ist es zunächst nützlich, die prinzipielle Struktur der Formeln für allgemeinen Grad m zu erfassen.

Theorem 9.3 *$S_m(n)$ kann als reelles Polynom vom Grad $m + 1$ in n dargestellt werden. Der konstante Term des Polynoms ist 0 und der führende Koeffizient $n^{m+1}/(m+1)$.*

Beweis Nach dem Binomischen Lehrsatz gilt

$$(1+k)^{m+1} - k^{m+1} = 1 + \binom{m+1}{1}k + \binom{m+1}{2}k^2 + \cdots + \binom{m+1}{m}k^m.$$

Aufsummieren dieser Gleichung für die Werte $k = 0, \ldots, n$ ergibt aufgrund der „Teleskopsummierung"[1] auf der linken Seite

$$(n+1)^{m+1} = (n+1) + \binom{m+1}{1}S_1(n) + \binom{m+1}{2}S_2(n) + \cdots + \binom{m+1}{m}S_m(n),$$

so dass wegen $\binom{m+1}{m} = m + 1$ folgt

$$(m+1)S_m(n) = (n+1)^{m+1} - (n+1) - \sum_{k=1}^{m-1}\binom{m+1}{k}S_k(n).$$

Hieraus ergibt sich induktiv unmittelbar die Behauptung.   □

---

[1] Für eine Folge $(a_k)_{k \in \mathbb{N}}$ gilt $\sum_{k=0}^{n}(a_{k+1} - a_k) = a_{n+1} - a_0$.

Beispielsweise lässt sich daher die Summe $\sum_{i=1}^{n} i^4$ der Potenzen vierten Grades als Polynom vom Grad 5 darstellen,

$$S_4(n) = a_5 n^5 + a_4 n^4 + a_3 n^3 + a_2 n^2 + a_1 n + a_0 \,,$$

wobei sich aus $S_4(0) = 0$ unmittelbar $a_0 = 0$ ergibt. Die Koeffizienten $a_1, \ldots, a_5$ lassen sich dann durch Lösen eines linearen Gleichungssystems gewinnen. Nach Definition von $S_4(n)$ gilt $S_4(1) = 1$, $S_4(2) = 1 + 16 = 17$, $S_4(3) = 1 + 16 + 81 = 98$ und entsprechend $S_4(4) = 354$, $S_4(5) = 979$, so dass die Koeffizienten $a_1, \ldots, a_5$ den folgenden linearen Bedingungen genügen.

$$\begin{aligned}
S_4(1) &= a_1 + a_2 + a_3 + a_4 + a_5 & &= 1\,, \\
S_4(2) &= 2a_1 + 4a_2 + 8a_3 + 16a_4 + 32a_5 & &= 17\,, \\
S_4(3) &= 3a_1 + 9a_2 + 27a_3 + 81a_4 + 243a_5 & &= 98\,, \\
S_4(4) &= 4a_1 + 16a_2 + 64a_3 + 256a_4 + 1024a_5 &= 354\,, \\
S_4(5) &= 5a_1 + 25a_2 + 125a_3 + 625a_4 + 3125a_5 &= 979\,.
\end{aligned}$$

Wir lösen das Gleichungssystem mit Sage.

```
A = matrix(5,5,[[1,1,1,1,1],[2,4,8,16,32],[3,9,27,
   81,243],[4,16,64,256,1024],[5,25,125,625,3125]])
b = vector([1,17,98,354,979])
A.solve_right(b)                        (-1/30, 0, 1/3, 1/2, 1/5)
```

Die gesuchte Summenformel für die Potenzen vierten Grades lautet folglich

$$S_4(n) = \sum_{i=1}^{n} i^4 = \frac{1}{5} n^5 + \frac{1}{2} n^4 + \frac{1}{3} n^3 - \frac{1}{30} n \,.$$

Wir schließen diese Betrachtung mit der formalen Rechtfertigung, dass das aus den konkreten Werten für n gewonnene Gleichungssystem jeweils eine Lösung hat, und diese eindeutig ist. Diese Eigenschaften ergeben sich unmittelbar aus der folgenden allgemeineren Aussage:

Theorem 9.4 *Seien $x_0, \ldots, x_m$ paarweise verschiedene reelle Zahlen und $y_0, \ldots, y_m$ paarweise verschiedene reelle Zahlen. Dann existiert genau ein Polynom m-ten Grades f mit $f(x_i) = y_i$, $1 \leq i \leq m$.*

Beweis Um die Eindeutigkeit zu zeigen, nehmen wir an, es gebe zwei Polynome f und g, die an allen Stützstellen $x_0, \ldots, x_m$ übereinstimmen. Dann ist das Polynom $f - g$ ein Polynom vom Grad höchstens m mit $m + 1$ Nullstellen, muss also das Nullpolynom sein. Es gilt folglich $f = g$.

Zum Nachweis der Existenz geben wir explizit ein Polynom an, das sogenannte *Interpolationspolynom nach Lagrange*. Für $0 \leq i \leq m$ hat das durch

$$h_i(x) = \prod_{\substack{j=1 \\ j \neq i}}^{m} \frac{(x - x_j)}{(x_i - x_j)}$$

definierte Polynom m-ten Grades die Eigenschaften $h_i(x_i) = 1$ und $h_i(x_j) = 0$ für $i \neq j$. Damit ist die Linearkombination $\sum_{i=0}^{m} y_i h_i(x)$ ein Polynom m-ten Grades mit $f(x_i) = y_i, 1 \leq i \leq m$. $\qquad\qquad\qquad\qquad\qquad\qquad\qquad\qquad\qquad\qquad\qquad\qquad\square$

Anmerkung 9.5 Tatsächlich lassen sich die Summen-Formeln mit den sogenannten Bernoulli-Zahlen B_n erster Art ausdrücken. Es gilt

$$S_m(n) = \frac{1}{m+1} \sum_{j=0}^{m} \binom{m+1}{j} B_j (n+1)^{m+1-j},$$

wobei $B_0 = 1$ und $B_1, B_2, B_3, \ldots$ induktiv durch $\sum_{k=0}^{n-1} \binom{n}{k} B_k = 0$ definiert ist. Sage kennt natürlich auch die Bernoulli-Zahlen:[2]

```
m = 4
var('n,j')
s = 1/(m+1) * sum(binomial(m+1,j) * bernoulli(j)
    * (n+1)^(m+1-j) for j in range(m+1) )
expand(s)                          1/5*n^5 + 1/2*n^4 + 1/3*n^3 - 1/30*n
```

9.3 Determinanten

Sei K ein Körper. Die *Determinante* einer Matrix $A \in K^{n \times n}$ kann auf verschiedene Arten definiert werden, beispielsweise über ihre charakteristischen Eigenschaften als Abbildung von $K^{n \times n}$ nach K:

1. $\det E_n = 1$, wobei E_n die $n \times n$-Einheitsmatrix bezeichnet.
2. Die Determinante ist linear in jeder Spalte,

$$\det(s^{(1)}, \ldots, \lambda s^{(i)} + \mu s^{(j)}, \ldots, s^{(n)})$$
$$= \lambda \det(s^{(1)}, \ldots, s^{(i)}, \ldots, s^{(n)}) + \mu \det(s^{(1)}, \ldots, s^{(j)}, \ldots, s^{(n)})$$

   für $\lambda, \mu \in K$ und den Spalten $s^{(1)}, \ldots, s^{(n)}$.
3. Die Determinante ist *alternierend*: bei Vertauschen zweier Spalten ändert sich ihr Vorzeichen.

---

[2] In dem Sage-Fragment kann nicht die symbolische Summation sum(,j,1,m) verwendet werden, da eine symbolische Bestimmung der Bernoulli-Zahlen nicht möglich ist.

Mit Hilfe der Determinante kann festgestellt werden, ob eine Matrix $A \in K^{n \times n}$ invertierbar ist, das heißt, ob eine Matrix $B \in K^{n \times n}$ mit $BA = AB = E_n$ existiert. Die (eindeutig bestimmte) Matrix B mit dieser Eigenschaft wird als *Inverse* A^{-1} von A bezeichnet. Es gilt:

Lemma 9.6 *Eine Matrix $A \in K^{n \times n}$ ist genau dann invertierbar, wenn die Determinante det A von Null verschieden ist.*

Wir betrachten die Determinanten- und Inversenbildung in Sage.

```
A = matrix(3,3,[[1,2,3],[4,5,6],[6,7,8]])
B = matrix(3,3,[[1,0,2],[3,5,7],[2,2,3]])
A.determinant()                                0
B.determinant()                               -7
B.inverse()                          [-1/7 -4/7 10/7]
                                     [-5/7  1/7  1/7]
                                     [ 4/7  2/7 -5/7]
```

Eine recht explizite, aber algorithmisch nicht effiziente Möglichkeit, die Determinante einer Matrix $A \in K^{n \times n}$ zu definieren, bietet die Leibnizdarstellung

$$\det A = \sum_{\sigma \in S_n} (\text{sgn}\,\sigma) a_{1\sigma_1} \cdot \ldots \cdot a_{n\sigma_n}, \tag{9.1}$$

wobei S_n die Menge aller Permutationen der Menge $\{1, \ldots, n\}$ bezeichnet und $\text{sgn}(\sigma) := \prod_{1 \le i < j \le n} \frac{\sigma_j - \sigma_i}{j - i}$ das Vorzeichen einer Permutation σ.

Die Summe (9.1) besitzt genau $n!$ Summanden, und der Aufwand der Summenbildung in Abhängigkeit von n wächst daher rapide an. Eine für algorithmische Zwecke bessere Möglichkeit ist es, die Determinante mit den folgenden elementaren Zeilenumformungen auf obere Dreiecksform zu bringen:

1. Das Vertauschen zweier Zeilen ändert das Vorzeichen der Determinante.
2. Das Multiplizieren einer einzelnen Zeile mit einem Skalar $\lambda \in K$ multipliziert die Determinante mit λ.
3. Die Addition des Vielfachen einer Zeile zu einer anderen ändert die Determinante nicht.

Die Determinante einer Dreiecksmatrix kann schließlich als Produkt ihrer Diagonalelemente bestimmt werden.

Für quadratische Gleichungssysteme gilt bekanntlich folgende Aussage:

Theorem 9.7 (Cramersche Regel) *Sei $A \in K^{n \times n}$ und $b \in \mathbb{R}^n$. Ist det A von Null verschieden, dann hat das Gleichungssystem $Ax = b$ die eindeutig bestimmte Lösung*

$$x_j = \frac{\det(a^{(1)}, \ldots, a^{(j-1)}, b, a^{(j+1)}, \ldots, a^{(n)})}{\det A}, \quad 1 \le j \le n,$$

wobei $a^{(j)}$ die j-te Spalte von A bezeichnet.

Wir realisieren diese Lösungsmethode in `Sage`. Hierbei kopiert der Befehl `copy` wie in Abschn. 9.1 beschrieben eine Matrix, und `set_column` belegt die Werte einer gegebenen Spalte der Matrix mit einem gegebenen Vektor.

```
def cramer(A,b):
    n = b.degree()
    loes = vector(QQ,n)
    Z = Matrix(n)
    for j in range(n):
        Z = copy(A)
        Z.set_column(j,b)
        loes[j] = Z.determinant()/A.determinant()
    print(loes)
cramer(Matrix([[1,2,3],[0,1,0],[2,3,5]]),vector([7,5,2]))    (-24, 5, 7)
```

9.4   Eigenwerte und Eigenvektoren

In der linearen Algebra spielen Eigenwerte und Eigenvektoren eine zentrale Rolle, und sie sind Gegenstand wichtiger Darstellungssätze für Matrizen. Wir stellen wichtige Aspekte von Eigenwerten und Eigenvektoren in der Theorie und ihrem Einsatz in `Sage` zusammen. In nachfolgenden Abschnitten werden wir sie beispielsweise bei der Behandlung linearer Rekursionen anwenden.

▶ **Definition 9.8** Sei A eine $n \times n$ Matrix über einem Körper K. Ein Vektor $v \in K^n \setminus \{0\}$ heißt *Eigenvektor* von A, wenn es ein $\lambda \in K$ gibt mit $Av = \lambda v$. Der Skalar λ heißt *Eigenwert* von A

Die Gleichung $Av = \lambda v$ ist äquivalent zu $(A - \lambda E_n)v = 0$. Für einen gegebenen Eigenwert v entspricht die Bestimmung der zugehörigen Eigenvektoren also der Bestimmung der von Null verschiedenen Lösungen dieses homogenen linearen Gleichungssystems in v. Es existiert genau dann eine solche nichttriviale Lösung, wenn $\det(A - \lambda E_n) = 0$. Diese Determinante ist ein Polynom vom Grad n in der Variablen λ, welches das *charakteristische Polynom* von A genannt wird. Seine Nullstellen sind die Eigenwerte von A.

Beispiel 9.9 Wir betrachten die Matrix

$$A = \begin{pmatrix} 1 & 0 & 2 \\ 3 & 1 & 1 \\ 2 & 0 & 1 \end{pmatrix}.$$

Das charakteristische Polynom lautet $\lambda^3 - 3\lambda^2 - \lambda + 3$, und es hat die drei Nullstellen $3, 1, -1$. In `Sage` lassen sich diese Konzepte wie folgt umsetzen:

```
A = matrix(3,3,[[1,0,2],[3,1,1],
    [2,0,1]])
A.charpoly()                        x^3 - 3*x^2 - x + 3
A.eigenvalues()                     [3, 1, -1]
A.eigenvectors_right()              [(3, [(1, 2, 1)], 1), (1, [(0, 1, 0)],
                                    1), (-1, [(1, -1, -1)], 1)]
```

Der letzte Befehl bedarf einer Erklärung: `Sage` unterscheidet zwischen Linkseigenvektoren und Rechtseigenvektoren. Die Eigenwerte aus Definition (9.8) werden in `Sage` als Rechtseigenvektoren bezeichnet. Den Linkseigenwerten hingegen liegt die definierende Gleichung

$$vA = \lambda A$$

zugrunde. Die Linkseigenvektoren von A sind daher gerade die Rechtseigenvektoren der transponierten Matrix A^T. Die Ausgabe des `Sage`-Operators `eigenvectors_right()` ist eine Liste von Tripeln (Eigenwert, Eigenvektor, algebraische Vielfachheit), wobei die algebraische Vielfachheit gerade die Vielfachheit der Nullstelle im charakteristischen Polynom ist.

Wir beweisen und illustrieren zum Abschluss zwei Sätze über symmetrische Matrizen, die nicht nur für den kommenden Abschnitt, sondern auch in vielen anderen Zusammenhängen wichtig sind. Hierbei heißen zwei reelle Vektoren v_1 und v_2 *orthogonal*, wenn $v_1^T v_2 = 0$ (vgl. Kap. 13).

Theorem 9.10 *Sei A eine reelle, symmetrische $n \times n$ Matrix. Dann gilt:*

1. Alle Eigenwerte von A sind reell.
2. Eigenvektoren zu verschiedenen Eigenwerten von A sind orthogonal.

Beweis Wir erinnern daran, dass für eine komplexe Zahl $z = x + iy$ die Zahl $z\overline{z}$ reell ist. Die komplexe Konjugation von Vektoren und Matrizen ist im Folgenden stets komponentenweise zu verstehen. Für jeden Eigenwert λ von A gilt

$$\overline{\lambda}\overline{v}^T v = \overline{(\lambda v)}^T v = \overline{(Av)}^T v = \overline{v}^T \overline{A}^T v = \overline{v}^T A v = \overline{v}^T \lambda v = \lambda \overline{v}^T v.$$

Da $\overline{v}^T v \in \mathbb{R} \setminus \{0\}$ folgt $\overline{\lambda} = \lambda$ und damit $\lambda \in \mathbb{R}$.

Für die zweite Aussage seien v_1 und v_2 Eigenvektoren zu verschiedenen Eigenwerten λ_1, λ_2. Dann folgt

$$\lambda_1 v_1^T v_2 = (Av_1)^T v_2 = v_1^T A v_2 = v_1^T \lambda_2 v_2 = \lambda_2 v_1^T v_2$$

und somit $0 = (\lambda_1 - \lambda_2)v_1^T v_2$.   □

Beispiel 9.11 Nach dem voranstehenden Satz ist a priori bereits klar, dass die relle, symmetrische Matrix

$$\begin{pmatrix} 2 & 3 & 5 \\ 3 & 7 & 11 \\ 5 & 11 & 13 \end{pmatrix}$$

nur reelle Eigenwerte und Eigenvektoren besitzt. Wir verifizieren mit Sage, dass die numerisch bestimmten – und nachstehend gerundet aufgeführten – Eigenvektoren orthogonal sind.

```
v0 = (A.eigenvectors_right())[0][1][0]        (1, 2.460, -2.196)
v1 = (A.eigenvectors_right())[1][1][0]        (1, -0.428, -0.024)
v2 = (A.eigenvectors_right())[2][1][0]        (1, 2.177, 2.894)
n(v0*v1)                                      0.000000000000000
n(v0*v2)                                      0.000000000000000
n(v1*v2)                                      0.000000000000000
```

Wir geben nun – ohne Beweis – das zentrale Resultat der *Hauptachsentransformation* an, auch bekannt als *Spektralzerlegung* oder *Eigenwertzerlegung*.

Theorem 9.12 *Sei A eine reelle, symmetrische n × n Matrix. Dann besitzt A eine Zerlegung*

$$A = SDS^T,$$

wobei D eine Diagonalmatrix mit den Eigenwerten von A auf der Diagonalen ist und S eine orthogonale Matrix, deren Spaltenvektoren orthonormale (d. h. orthogonale und normierte) Eigenvektoren von A sind.

In Weiterführung des obigem Beispiels liefert D, S = A.eigenmatrix_right() die Diagonalmatrix D der Eigenwerte und die Übergangsmatrix S. Wir verifizieren, dass – bis auf durch Rundungsaspekte verursachte numerische Abweichungen – die Matrizen AS und SD übereinstimmen.

```
print(A*S.n(20))        [ -1.5997    0.59789    23.002]
                        [ -3.9353   -0.25574    50.075]
                        [  3.5129  -0.014225    66.571]

print(S*D.n(20))        [ -1.5997    0.59789    23.002]
                        [ -3.9353   -0.25573    50.075]
                        [  3.5129  -0.014221    66.571]
```

9.5 Euklidischer Algorithmus und lineare Rekursionen via linearer Algebra

Wir betrachten nun zwei früher behandelte Themen vom Standpunkt der linearen Algebra: den euklidischen Algorithmus sowie lineare Rekursionen. Dieser Standpunkt eröffnet neue Einsichten und Techniken.

Euklidischer Algorithmus Wir untersuchen zunächst den euklidischen Algorithmus aus Abschn. 7.2 vom Blickwinkel der linearen Algebra. Gegeben seien zwei Zahlen $a, b \in \mathbb{Z} \setminus \{0\}$. Die Rekursionsvorschrift

$$r_{i-1} = m_{i+1} \cdot r_i + r_{i+1},$$

$r_{-1} = a, r_0 = b$ lässt sich in Matrizenform als

$$\begin{pmatrix} 0 & 1 \\ 1 & m_{i+1} \end{pmatrix} \begin{pmatrix} r_{i+1} \\ r_i \end{pmatrix} = \begin{pmatrix} r_i \\ r_{i-1} \end{pmatrix}$$

schreiben. Wir geben nun einen matrixbasierten Beweis des Satzes 7.8 von Bézout, aus dem ebenfalls eine Berechnungsvorschrift der zugehörigen Linearkombination hervorgeht.

Theorem 9.13 (BÉZOUT) *Zu* $a_1, \ldots, a_n \in \mathbb{Z} \setminus \{0\}$ *gibt es* $\lambda_1, \ldots, \lambda_n \in \mathbb{Z}$ *mit* $\mathrm{ggT}(a_1, \ldots, a_n) = \lambda_1 a_1 + \cdots + \lambda_n a_n.$

Wie bei der früheren Betrachtung des Satzes genügt es, den zweidimensionalen Fall zu betrachten.

Beweis Der euklidische Algorithmus liefert eine Darstellung

$$\begin{pmatrix} r_0 \\ r_{-1} \end{pmatrix} = \begin{pmatrix} 0 & 1 \\ 1 & m_1 \end{pmatrix} \begin{pmatrix} 0 & 1 \\ 1 & m_2 \end{pmatrix} \cdots \begin{pmatrix} 0 & 1 \\ 1 & m_j \end{pmatrix} \cdot \begin{pmatrix} 0 \\ r_{j-1} \end{pmatrix}$$

Da jede der 2×2-Matrizen invertierbar ist, ist die Matrix

$$M := \begin{pmatrix} 0 & 1 \\ 1 & m_1 \end{pmatrix} \begin{pmatrix} 0 & 1 \\ 1 & m_2 \end{pmatrix} \cdots \begin{pmatrix} 0 & 1 \\ 1 & m_j \end{pmatrix}$$

invertierbar, und es gilt

$$M^{-1} \begin{pmatrix} r_0 \\ r_{-1} \end{pmatrix} = \begin{pmatrix} 0 \\ r_{j-1} \end{pmatrix}.$$

Jede der beiden Komponenten des Vektors $M^{-1}\begin{pmatrix} r_0 \\ r_{-1} \end{pmatrix}$ ist eine Linearkombination von r_{-1} und r_0. Aus $r_{j-1} = \mathrm{ggT}(r_{-1}, r_0) = \mathrm{ggT}(a, b)$ folgt nun die Behauptung. $\square$

Beispiel 9.14 Für das Beispiel $a = 9876$, $b = 3456$ aus Abschn. 7.2 gilt

$$M := \begin{pmatrix} 0 & 1 \\ 1 & 2 \end{pmatrix}\begin{pmatrix} 0 & 1 \\ 1 & 1 \end{pmatrix}\begin{pmatrix} 0 & 1 \\ 1 & 6 \end{pmatrix}\begin{pmatrix} 0 & 1 \\ 1 & 41 \end{pmatrix} = \begin{pmatrix} 7 & 288 \\ 20 & 823 \end{pmatrix},$$

so dass folglich

$$M^{-1} = \begin{pmatrix} 823 & -288 \\ -20 & 7 \end{pmatrix}$$

und daher $-20b + 7a = \mathrm{ggT}(a, b) = 12$.

Lineare Rekursionen mittels Matrizen Die Matrixtheorie bietet auch einen interessanten Blickwinkel auf lineare Rekursionen. Wir schreiben hierzu die in Abschn. 6.3 betrachteten linearen Rekursionsgleichungen zweiter Ordnung $a_{n+1} = c_1 a_n + c_2 a_{n-1}$ mit Konstanten $c_1 \in \mathbb{R}$, $c_2 \in \mathbb{R} \setminus \{0\}$ in der Form

$$\begin{pmatrix} a_{n+1} \\ a_n \end{pmatrix} = A \begin{pmatrix} a_n \\ a_{n-1} \end{pmatrix} \quad \text{mit } A = \begin{pmatrix} c_1 & c_2 \\ 1 & 0 \end{pmatrix}. \tag{9.2}$$

Theorem 9.15 *Sei $A = S_1 D S_2$ eine Zerlegung der Matrix A mit $S_1, S_2, D \in \mathbb{R}^{2 \times 2}$, $D = \mathrm{diag}(\lambda_1, \lambda_2)$ eine Diagonalmatrix und $S_2 S_1 = E_2$ mit der Einheitsmatrix E_2. Dann stimmt die Lösung a_n der linearen Rekursionsgleichung $a_{n+1} = c_1 a_n + c_2 a_{n-1}$ für die Anfangswerte a_0, a_1 mit der zweiten Komponente des Vektors $S_1 \mathrm{diag}(\lambda_1^n, \lambda_2^n) S_2 \begin{pmatrix} a_1 \\ a_0 \end{pmatrix}$ überein.*

Beweis Durch Iteration der Gleichung (9.2) ergibt sich

$$\begin{pmatrix} a_{n+1} \\ a_n \end{pmatrix} = A^n \begin{pmatrix} a_1 \\ a_0 \end{pmatrix} = (S_1 D S_2)^n \begin{pmatrix} a_1 \\ a_0 \end{pmatrix} = S_1 D^n S_2 \begin{pmatrix} a_1 \\ a_0 \end{pmatrix}. \quad \square$$

Beispiel 9.16 Wir betrachten die Fibonacci-Rekursion $f_{n+1} = f_n + f_{n-1}$ mit $f_0 = 0$, $f_1 = 1$. Die gewünschte Zerlegung lässt sich aus einer Eigenwertzerlegung der Matrix $A = \begin{pmatrix} 1 & 1 \\ 1 & 0 \end{pmatrix}$ via Sage gewinnen:

```
A = matrix(2,2,[[1,1],[1,0]])
A.right_eigenmatrix()
```

Der letzte Befehl gibt dabei die Diagonalmatrix D und die (nicht normierte) Matrix S mit den Eigenvektoren an. Mit den Bezeichnungen $\lambda_1 = \frac{1}{2}(1 + \sqrt{5})$, $\lambda_2 = \frac{1}{2}(1 - \sqrt{5})$ für die beiden Eigenwerte von A gilt folglich $A = S \cdot D \cdot S^T$, wobei

$$D = \begin{pmatrix} \lambda_1 & 0 \\ 0 & \lambda_2 \end{pmatrix}, \qquad S = \begin{pmatrix} \dfrac{2}{\sqrt{10-2\sqrt{5}}} & -\dfrac{\sqrt{2}}{\sqrt{5+\sqrt{5}}} \\ \dfrac{-1+\sqrt{5}}{\sqrt{10-2\sqrt{5}}} & \dfrac{\sqrt{2}(1+\sqrt{5})}{2\sqrt{5+\sqrt{5}}} \end{pmatrix}.$$

Wir verwenden hier eine andere Zerlegung von A, bei der die vordere und hintere Transformationsmatrix nicht durch Transponierung auseinander hervorgehen und die auf schönere Zahlen führt. Setze hierzu

$$S_1 = \begin{pmatrix} \lambda_1 & \lambda_2 \\ 1 & 1 \end{pmatrix}, \quad D = \begin{pmatrix} \lambda_1 & 0 \\ 0 & \lambda_2 \end{pmatrix}, \quad S_2 = \frac{1}{\sqrt{5}} \begin{pmatrix} 1 & -\lambda_2 \\ -1 & \lambda_1 \end{pmatrix}.$$

Lemma 9.17 *Es gilt $A = S_1 D S_2$ sowie $S_2 S_1 = E_2$.*

Beweis Wir beobachten

$$S_1 D S_2 = \frac{1}{\sqrt{5}} \begin{pmatrix} \lambda_1^2 & \lambda_2^2 \\ \lambda_1 & \lambda_2 \end{pmatrix} \begin{pmatrix} 1 & -\lambda_2 \\ -1 & \lambda_1 \end{pmatrix}$$

$$= \frac{1}{\sqrt{5}} \begin{pmatrix} \lambda_1^2 - \lambda_2^2 & -\lambda_1^2 \lambda_2 + \lambda_1 \lambda_2^2 \\ \lambda_1 - \lambda_2 & -\lambda_1 \lambda_2 + \lambda_1 \lambda_2 \end{pmatrix}.$$

Für die unteren beiden Komponenten ist die Aussage klar. Für die Komponente $(1,1)$ folgt sie unmittelbar mit der binomischen Formel und für die Komponente $(1,2)$ wegen $\lambda_1 \lambda_2 (-\lambda_1 + \lambda_2) = \frac{1}{4}(1-5)(-\sqrt{5}) = \sqrt{5}$. Ferner gilt

$$S_2 S_1 = \frac{1}{\sqrt{5}} \begin{pmatrix} \lambda_1 - \lambda_2 & 0 \\ 0 & \lambda_1 - \lambda_2 \end{pmatrix} = E_2. \qquad \square$$

Die Matrixberechnungen in nachstehendem `Sage`-Programmstück liefern daher die Fibonacci-Zahl f_8:

```
l1 = 1/2*(1+sqrt(5))
l2 = 1/2*(1-sqrt(5))
S1 = matrix([[l1,l2],[1,1]])
S2 = 1/sqrt(5)*matrix([[1,-l2],[-1,l1]])
Di = diagonal_matrix([l1^8,l2^8])
n((S1*Di*S2*vector([1,0]))[1])                21.0000000000000
```

Um allgemeine lineare Rekursionsgleichungen mit einem solchen Zugang zu lösen, sind daher Transformationen zu bestimmen, die eine Matrix in Diagonalgestalt überführen wie etwa bei symmetrischen Matrizen die Hauptachsentransformation 9.12.

9.6 Drehungen und Spiegelungen

Als interessante theoretische und praktische Anwendung linearer Abbildungen betrachten wir Drehungen und Spiegelungen. Diese Operationen sind beispielsweise bei Problemen der Computergrafik von großer Bedeutung. Beim Verändern der Position eines Beobachters verändert sich die Perspektive des betrachteten Objekts. Es sind nun die Koordinaten des gedrehten Objekts zu berechnen. Wir konzentrieren uns hier vorwiegend auf den Fall des $\mathbb{R}^2$.

Wir betrachten die Drehung eines Punktes $(x, y) \in \mathbb{R}^2$ im Gegenuhrzeigersinn um den Ursprung.

Theorem 9.18 *Für $\alpha \in \mathbb{R}$ wird die Drehung des Punktes $(x, y) \in \mathbb{R}^2$ mit dem Drehwinkel α um den Ursprung durch die lineare Abbildung*

$$D_\alpha : \mathbb{R}^2 \to \mathbb{R}^2, \quad \begin{pmatrix} x \\ y \end{pmatrix} \mapsto \begin{pmatrix} \cos\alpha & -\sin\alpha \\ \sin\alpha & \cos\alpha \end{pmatrix} \begin{pmatrix} x \\ y \end{pmatrix}$$

beschrieben.

Beweis Identifizieren wir (x, y) mit der komplexen Zahl $z = x + iy$, dann lässt sich eine Drehung mit dem Drehwinkel α in komplexer Schreibweise sehr einfach angeben: $D_\alpha : z \mapsto e^{i\alpha} \cdot z$. Wegen

$$e^{i\alpha} \cdot z = (\cos\alpha + i\sin\alpha)(x + iy)$$
$$= (x\cos\alpha - y\sin\alpha) + i(x\sin\alpha + y\cos\alpha)$$

ergibt sich unmittelbar die Darstellung von D_α als lineare Abbildung $\mathbb{R}^2 \to \mathbb{R}^2$. □

Beispiel 9.19 Wir stellen mit Sage ein Quadrat mit Eckpunkten $(1, 0)$, $(1, 1)$, $(2, 1)$ und $(2, 0)$ dar und drehen es dann um den Winkel $\frac{\pi}{3}$ um den Nullpunkt.

```
v1 = vector([1,0])
v2 = vector([1,1])
v3 = vector([2,1])
v4 = vector([2,0])
M = matrix([[cos(pi/3), -sin(pi/3)],
    [sin(pi/3),cos(pi/3)]])
disp = polygon([v1,v2,v3,v4])
    + polygon([M*v1,M*v2,M*v3,M*v4],rgbcolor = 'red')
```

Beispiel 9.20 Wir betrachten nun einen Kreis mit Radius 1 um den Mittelpunkt $(1, 0)$ und rotieren ihn dann um die Winkel $\frac{2j\pi}{10}$, $0 \le j \le 9$, um den Nullpunkt.

```
v = vector([1,0])
var('j')
k = 10
disp = sum(circle(matrix([[cos(j*2*pi/k),
                           -sin(j*2*pi/k)],
    [sin(j*2*pi/k),cos(j*2*pi/k)]])*v, 1)
                for j in range(k))
```

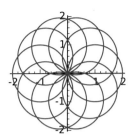

Das Rotieren einer beliebig langen Liste von Punkten kann wie folgt durch eine Sage-Funktion realisiert werden:

```
def rotiere(plist, alpha):
    A = matrix([[cos(alpha),-sin(alpha)],
        [sin(alpha),cos(alpha)]])
    return(list(A*p for p in plist))
plist = list([vector([1,0]),vector([2,0]),
    vector([2,1])])
rotiere(plist,pi/2)
```

$$[(0, 1), (0, 2), (-1, 2)]$$

Unter Verwendung dieser Funktion können allgemeine Polygone rotiert werden:

```
plist = list([vector([1,0]),vector([2,0]),
    vector([2,1])])
P = polygon(plist)
Q = polygon(rotiere(plist, pi/2),
    rgbcolor = 'red')
show(P+Q)
```

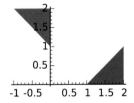

Analog wird im $\mathbb{R}^3$ eine Drehung um den Winkel α gegen den Uhrzeigersinn um die x-, y- bzw. z-Achse beschrieben durch

$$A_x = \begin{pmatrix} 1 & 0 & 0 \\ 0 & \cos\alpha & -\sin\alpha \\ 0 & \sin\alpha & \cos\alpha \end{pmatrix}, \qquad A_y = \begin{pmatrix} \cos\alpha & 0 & -\sin\alpha \\ 0 & 1 & 0 \\ \sin\alpha & 0 & \cos\alpha \end{pmatrix},$$

$$A_z = \begin{pmatrix} \cos\alpha & -\sin\alpha & 0 \\ \sin\alpha & \cos\alpha & 0 \\ 0 & 0 & 1 \end{pmatrix}.$$

Drehungen sind nicht nur lineare Abbildungen, sondern haben zusätzlich wichtige Eigenschaften.

1. Die Darstellungsmatrix A einer Drehung ist orthogonal, d. h. es gilt $A^{-1} = A^T$ (vgl. Kap. 13).
2. Wegen $\sin^2 \alpha + \cos^2 \alpha = 1$ gilt $\det(A) = 1$.
3. Drehungen sind *normerhaltend*, d. h. $||Ax|| = ||x||$, denn es gilt

$$||Ax||^2 = (Ax)^T(Ax) = x^T(A^T A)x = x^T x = ||x||^2.$$

Tatsächlich charakterisieren diese Eigenschaften die Menge aller Drehungen in eindeutiger Weise. In der allgemeinen n-dimensionalen Situation definieren Matrizen mit der ersten bzw. mit den ersten beiden Eigenschaften die sogenannte *orthogonale* bzw. *spezielle orthogonale Gruppe*

$$O(n) := \{A \in GL_n(\mathbb{R}) : A^{-1} = A^T\},$$
$$SO(n) := \{A \in O(n) : \det A = 1\},$$

wobei $GL_n(\mathbb{R})$ die Gruppe der invertierbaren reellen $n \times n$-Matrizen bezeichnet.

Spiegelungen Eine weitere Klasse geometrischer Operationen in der Ebene wird durch Spiegelungen an einer Geraden definiert.

Theorem 9.21 *Für $\alpha \in \mathbb{R}$ wird die Spiegelung an der Geraden $\mathbb{R}(\cos\frac{\alpha}{2}, \sin\frac{\alpha}{2})^T$ durch die lineare Abbildung*

$$S_\alpha : \mathbb{R}^2 \to \mathbb{R}^2, \quad \begin{pmatrix} x \\ y \end{pmatrix} \mapsto \begin{pmatrix} \cos\alpha & \sin\alpha \\ \sin\alpha & -\cos\alpha \end{pmatrix} \begin{pmatrix} x \\ y \end{pmatrix}$$

beschrieben.

Beweis Wie bei der Betrachtung der Drehungen identifiziere (x, y) mit der komplexen Zahl $z = x + iy$. Wir setzen die Spiegelung nun aus mehreren Operationen zusammen. Durch die Drehung $D_{-\alpha/2}$ wird die Spiegelungsachse in die reelle Achse übergeführt. Dann spiegeln wir an der reellen Achse, als komplexe Operation ist das der Übergang $z \mapsto \bar{z}$ zur konjugiert komplexen Zahl. Die Drehung $D_{\alpha/2}$ macht dann die initiale Drehung wieder rückgängig. In komplexer Notation ergibt sich die Abbildung

$$S_\alpha : z \mapsto e^{i\alpha/2}(\overline{e^{-i\alpha/2}z}) = e^{i\alpha}\bar{z}.$$

Das Ausmultiplizieren

$$e^{i\alpha} \cdot \bar{z} = (\cos\alpha + i\sin\alpha)(x - iy)$$
$$= (x\cos\alpha + y\sin\alpha) + i(x\sin\alpha - y\cos\alpha)$$

liefert die Darstellung von S_α als lineare Abbildung $\mathbb{R}^2 \to \mathbb{R}^2$. $\square$

Beispiel 9.22 Nachstehender `Sage`-Auszug zeigt die Spiegelung des Vierecks mit Eckpunkten $(1,0)^T$, $(\frac{3}{2}, \frac{1}{2})^T$, $(2, \frac{1}{2})^T$, $(2,0)^T$ an der Achse $\mathbb{R}(\cos\frac{\pi}{6}, \sin\frac{\pi}{6})^T$.

```
v1 = vector([1,0])
v2 = vector([3/2,1/2])
v3 = vector([2,1/2])
v4 = vector([2,0])
M = Matrix([[cos(pi/3), sin(pi/3)],
   [sin(pi/3),-cos(pi/3)]])
polygon([v1,v2,v3,v4]) + polygon([M*v1,M*v2,
   M*v3,M*v4])
```

In der betrachteten Situation $n = 2$ sind Drehungen und Spiegelungen Elemente der speziellen orthogonalen Gruppe SO(2). Die Zugehörigkeit zu SO(n) bleibt auch in n-dimensionalen Verallgemeinerungen der Drehungen und Spiegelungen erhalten.

9.7   Der PageRank-Algorithmus (*)

Wir diskutieren hier eine Anwendung von Eigenwerten der linearen Algebra, die auch eine wichtige Verbindung zu den früher behandelten Konzepten der Graphen und Rekursion herstellt. Der nachstehend vorgestellte PageRank-Algorithmus hat in den vergangenen Jahren für Aufsehen gesorgt, da er bei der Berechnung der Reihenfolge von Suchergebnissen in Internet-Suchmaschinen eine zentrale Rolle spielt.

In der historischen Entwicklung war ein Hauptgrund für das Aufstreben von Google im Vergleich zu anderen existierenden Suchmaschinen die Ermittlung der „besten" Suchergebnisse. Während in der Anfangszeit der Internet-Suchmaschinen viele Systeme damit zu kämpfen hatten, dass sich Benutzer erst seitenweise durch die Suchergebnisse klicken mussten, empfahl sich Google dadurch, dass die führenden Suchergebnisse meist diejenige Seite enthielten, nach der man suchte. Grundidee des dabei verwendeten Algorithmus war und ist es, jeder beim automatischen Durchsuchen des Internets gefundenen WWW-Seite eine Bewertungspunktzahl (*Seitenrang*, engl. *page rank*) zuzuordnen, die die „Wichtigkeit" der Seite bestimmt und bei der die Ausgabe der Suchergebnisse unter allen Seiten, die die eingegebenen Suchbegriffe enthalten, die wichtigsten zuerst anführt.

Zunächst wird das Internet als gerichteter Graph $G = (V, E)$ mit n Knoten $\{1, \ldots, n\}$ modelliert. Jede WWW-Seite entspricht einem Knoten und jeder Link einer Kante; hierbei lassen wir Selbstreferenzen außer acht. Jede Kante (j, i) versehen wir nun mit einer als Übergangswahrscheinlichkeit interpretierten Kantengewicht a_{ij}. Wir stellen uns hierbei eine zufällige Bewegung (engl. random walk) durch den Graphen vor: Befinden wir uns an einem Knoten j, dann gehen wir durch eine zufällig ausgewählte ausgehende Kante zu einem Nachfolgeknoten i über. Die Gesamtheit der Übergangswahrscheinlichkeiten kann als Matrix $A = (a_{ij}) \in \mathbb{R}^{n \times n}$ geschrieben werden kann. Aufgrund des wahrschein-lichkeitstheoretischen Hintergrunds sind alle Koeffizienten der Matrix A nichtnegativ und ihre Spaltensummen gleich eins. Eine Matrix mit dieser Eigenschaft heißt *stochastische Matrix*.

Wir studieren zunächst einige Eigenschaften der Eigenwerte von A.

Lemma 9.23 *Für jeden Eigenwert λ einer stochastischen Matrix gilt $|\lambda| \leq 1$.*

Wir beobachten vorab, dass aufgrund der Eigenschaft $\det(A - \lambda E_n) = \det(A^T - \lambda E_n)$ die Matrizen A und A^T die gleichen Eigenwerte haben.

Beweis Nach den Vorüberlegungen genügt es zu zeigen, dass jeder Eigenwert von A^T den Betrag höchstens 1 hat. Sei $\lambda \in \mathbb{C}$ ein Eigenwert von A^T und v ein zugehöriger Eigenvektor. Ferner sei v_k eine betragsmaximale Komponente von v. Die k-te Zeile von $A^T v = \lambda v$ lautet

$$\sum_{j=1}^{n} (A^T)_{kj} v_j = \lambda v_k \,.$$

Damit gilt

$$|\lambda v_k| = |\sum_{j=1}^{n} a_{kj} v_j| \leq \sum_{j=1}^{n} a_{kj} |v_j| \leq \sum_{j=1}^{n} a_{kj} |v_k| = |v_k| \,,$$

da alle Zeilen von A^T die Zeilensumme 1 haben. Insgesamt folgt $|\lambda| \leq 1$. ☐

Lemma 9.24 *Sei A eine stochastische Matrix. Dann gilt:*

a) *Die Zahl 1 ist ein Eigenwert von A.*
b) *Sind alle Einträge von A positiv, dann gibt es einen Eigenvektor zum Eigenwert 1 mit nichtnegativen Komponenten.*

Beweis a) Die transponierte Matrix A^T hat alle Zeilensummen 1, so dass gilt $A^T \mathbf{1} = \mathbf{1}$, wobei $\mathbf{1}$ den aus lauter Einsen bestehenden Vektor bezeichnet. Folglich ist $\mathbf{1}$ ein Eigenvektor von A^T zum Eigenwert 1. Da A und A^T die gleichen Eigenwerte haben, ist 1 auch ein Eigenwert von A.

b) Wir beweisen die Aussage durch Widerspruch. Beobachte zunächst, dass die Drei-ecksungleichung $|\sum_i y_i| \leq \sum_i |y_i|$ für reelle $x_i \neq 0$ im Falle verschiedener Vorzeichen der x_i strikt erfüllt ist. Ist nun x ein Eigenvektor zum Eigenwert 1 mit positiven und negativen Komponenten, dann existieren wegen $x_i = \sum_{j=1}^{n} a_{ij} x_j$ auch unter den Produkten $a_{ij} x_j$ positive und negative Vorzeichen. Folglich gilt

$$|x_i| = \left| \sum_{j=1}^{n} a_{ij} x_j \right| < \sum_{j=1}^{n} a_{ij} |x_j|$$

und durch Summation über alle i weiter $\sum_{i=1}^{n} |x_i| < \sum_{i=1}^{n} \sum_{j=1}^{n} a_{ij} |x_j|$. Nach Vertauschung der Summationsreihenfolge ergibt sich mit der Voraussetzung, dass A stochastisch ist, der Widerspruch $\sum_{i=1}^{n} |x_i| < \sum_{j=1}^{n} |x_j|$. Folglich sind nicht gleichzeitig positive und negative Komponenten in x möglich. Durch eventuelle Multiplikation von x mit -1 ergibt sich die Behauptung.   □

Anmerkung 9.25 Mit tiefer gehenden Methoden (etwa dem Satz von Perron-Frobenius) lässt sich zeigen: Sind alle Einträge der stochastischen Matrix A positiv, dann ist 1 der einzige Eigenwert vom Betrag 1.

Die Idee ist es nun, einer Seite einen hohen Seitenrang zuzuordnen, wenn eine hohe Anzahl *wichtiger* Seiten auf sie verweisen; diese Definition ist natürlich rekursiv. Bei der Präzisierung stellen wir uns vor, dass jede Seite in einer Wahl eine Wähleinheit zu vergeben hat, die sie anteilig auf die von ihr referenzierten Seiten verteilt. Die „Wichtigkeit", die eine Seite S_1 auf eine Seite S_2 so weitergibt, ist der entsprechende Anteil der Wähleinheit *multipliziert* mit dem Seitenrang von S_1.

Bezeichnet x_i den Seitenrang der i-ten Seite im System ($i = 1, \ldots, n$), dann ergibt sich ein lineares Gleichungssystem der Form

$$x_i = \sum_{j} a_{ij} x_j , \quad 1 \leq i \leq n ,$$

wobei der Koeffizient a_{ij} das Gewicht ist, mit dem Seite i von Seite j referenziert wird (siehe das Beispiel). Das System kann kurz als

$$x = Ax$$

geschrieben werden. Wir suchen also einen Eigenvektor zum Eigenwert 1.

Beispiel 9.26 Wir betrachten die durch nachfolgendes `Sage`-Programm beschriebene Situation mit den vier WWW-Seiten „1" bis „4", und x_i bezeichne den Seitenrang von Seite 1. Hierbei sind in der Definition des gerichteten Graphen für jeden Knoten die Nachfolgeknoten unmittelbar angegeben.

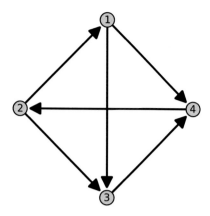

```
G = DiGraph({1:[3,4], 2:[1,3],
             3:[4], 4:[2]})
G.plot(layout='circular')
```

Da Seite 4 von den Seiten 3 (als einziger ausgehender Link) und Seite 1 (als einer von zwei Links) referenziert wird, gilt $x_1 = \frac{x_1}{2} + \frac{x_3}{1}$, und entsprechende Gleichungen lassen sich für alle Seiten aufstellen.

Die Lösungen des Eigenvektorproblems erfüllen die Eigenschaften des Seitenrangs. Vom stochastischen Standpunkt entspricht eine Lösung x, dessen Komponenten auf 1 normiert sind, den stationären Wahrscheinlichkeiten bei einem zufälligen Bewegen (engl. random walk) durch den Graphen.

Beispiel 9.27 In Fortführung von Beispiel 9.26 ist der Seitenrang-Vektor ein Eigenvektor der Matrix

$$A = \begin{pmatrix} 0 & 1/2 & 0 & 0 \\ 0 & 0 & 0 & 1 \\ 1/2 & 1/2 & 0 & 0 \\ 1/2 & 0 & 1 & 0 \end{pmatrix}$$

zum Eigenwert 1, dessen Komponenten sich zu 1 aufsummieren. Eine Lösung ist hier $(x_1, x_2, x_3, x_4) = (0{,}154, 0{,}308, 0{,}231, 0{,}308)$. Interessanterweise hat die Seite 2 – gemeinsam mit Seite 4 – den größten Seitenrang, obwohl nur eine einzige Seite auf sie verweist. Grund hierfür ist, dass Seite 4 ihre gesamte Wähleinheit an Seite 2 weitergibt.

Besitzt jede WWW-Seite eine ausgehende Kante, dann ist das Gleichungssystem lösbar; die Lösung muss jedoch nicht unbedingt eindeutig sein. Für den Fall, dass einige Seiten keine ausgehenden Links haben, ergibt sich darüber hinaus ein allgemeines Eigenwertproblem mit a priori unbekanntem Eigenwert, das numerisch effizient auch in sehr großen Größenordnungen (wie es für den realen WWW-Graphen erforderlich ist) gelöst werden kann.

Um einen Eigenvektor zum Eigenwert 1 zu bestimmen, ist ein sehr großes, in der Regel sehr dünnbesetztes Gleichungssystem zu lösen. Bei der großen Anzahl von WWW-Seiten im Internet ist es praktisch nicht möglich, die entsprechende Matrix hinzuschreiben. Hier spielen Verfahren der numerischen linearen Algebra eine große Rolle. In unserem Fall kann die Lösung näherungsweise durch die Iteration

$$x(k+1) = Ax(k)$$

gewonnen werden. Diese Iteration kann relativ schnell ausgeführt werden, da die Matrix A dünnbesetzt ist.

Eine Schwierigkeit ist, dass das Verfahren nicht immer konvergiert. In einem Graphen mit 2 Knoten, die jeweils eine ausgehende Kante auf den anderen Knoten haben, erzielen wir beispielsweise keine Konvergenz. Wir führen hierzu einen Dämpfungsfaktor $\alpha \in (0, 1)$ ein:

$$x = (1 - \alpha)\mathbf{1} + \alpha Ax.$$

Lemma 9.28 *Die Matrix $E_n - \alpha A$ ist invertierbar, wobei E_n die Einheitsmatrix bezeichnet.*

Beweis Die Eigenwerte von αA sind die Eigenwerte von A multipliziert mit α. Folglich haben die Eigenwerte von A einen Betrag kleiner oder gleich α. Die Matrix $E_n - \alpha A$ ist nach Definition eines Eigenvektors genau dann singulär, wenn 1 ein Eigenwert von αA ist. In der Konsequenz ist $E_n - \alpha A$ invertierbar. $\qquad\square$

Die Lösung des Gleichungssystems lautet

$$x = (1 - \alpha)(E_n - \alpha A)^{-1}.$$

Wie bereits erwähnt ist es sehr aufwendig, die exakte Lösung zu bestimmen. Wir führen daher wiederum eine Iteration durch,

$$x(k+1) = (1 - \alpha)\mathbf{1} + \alpha Ax(k).$$

Man kann zeigen, dass die Iteration konvergiert. Die Berechnung bildet den Kern der PageRank-Berechnung von Google.

Beispiel 9.29 Wir betrachten die Übergangsmatrix aus den Beispielen 9.26 und 9.27. Nachfolgendes Sage-Programm implementiert die ersten Schritte des Iterationsverfahrens mit einem Dämpfungsfaktor 0,99. Die Summe der Komponenten der Ausgaben sind jeweils auf 1 normiert.

```
x = vector([1/4,1/4,1/4,1/4])
einsv = vector([1,1,1,1])
alpha = 0.99
for i in range(0,7):
    x = (1-alpha)*einsv + alpha*A*x
    print(x / (x[0]+x[1]+x[2]+x[3]))
```

```
(0.129, 0.250, 0.250, 0.370)
(0.129, 0.365, 0.192, 0.312)
(0.185, 0.310, 0.247, 0.256)
(0.158, 0.256, 0.247, 0.337)
(0.132, 0.334, 0.209, 0.324)
(0.169, 0.321, 0.233, 0.274)
(0.162, 0.297, 0.237, 0.302)
```

Bereits nach wenigen Schritten sind die ermittelten Werte sehr nahe den in Beispiel 9.27 durch Lösung des Gleichungssystems gewonnenen Werte.

9.8 Übungsaufgaben

1. Bestimmen Sie mit Sage Summenformeln für die Potenzen m-ten Grades, $S_m(n) = \sum_{i=1}^{n} i^m$, für $m = 5, \ldots, 10$.
2. Sei A eine invertierbare $n \times n$ Matrix. Zeigen Sie: Besitzt A den Eigenwert λ, so besitzt A^{-1} den Eigenwert $\frac{1}{\lambda}$.
3. Verallgemeinern Sie Theorem 9.15 auf lineare Rekursionsgleichungen n-ter Ordnung mit konstanten Koeffizienten.
4. Zeigen Sie, dass für die Inverse einer Drehmatrix D gilt: $D^{-1}(\alpha) = (D(\alpha))^T$.
5. Bestimmen Sie die Eigenwerte der Dreh- und Spiegelungsmatrizen zum Winkel α. Für welche α sind die jeweiligen Eigenwerte reell?
6. Zeichnen Sie unter Verwendung von Drehungen einen *pythagoräischen Baum* in Sage. Ausgehend von einer geometrischen Darstellung des Satzes von Pythagoras auf der 0-ten Stufe (siehe Abbildung) wird auf der nächsten Stufen diese Konstruktion erneut ausgeführt, und so weiter.

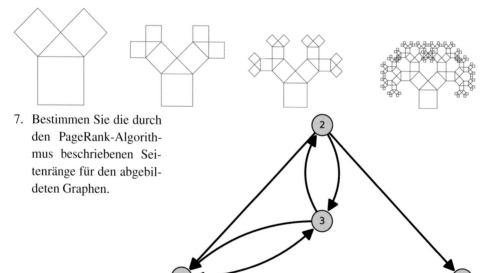

7. Bestimmen Sie die durch den PageRank-Algorithmus beschriebenen Seitenränge für den abgebildeten Graphen.

9.9   Anmerkungen

Die mathematische Inhalte der ersten Abschnitte des Kapitels findet sich in jedem gängigen Lehrbuch zur linearen Algebra, beispielsweise den Büchern von Fischer [Fis14] oder Liesen und Mehrmann [LM15]. Hinsichtlich `Sage` in der linearen Algebra sei auf das Buch von Beezer [Bee13] verwiesen, das mit einem – auch interaktiv verfügbaren – Begleitband zu `Sage` existiert.

Die Darstellung des PageRank-Algorithmus beruht auf dem Artikel von Bryan und Leise [BL06].

Literatur

[Bee13] BEEZER, R.A.: *A First Course in Linear Algebra*. Congruent Press, Gig Harbor, WA, 2013

[BL06] BRYAN, K. ; LEISE, T.:   The $\$25,000,000,000$ eigenvector: The linear algebra behind Google. In: *SIAM Rev.* 48 (2006), Nr. 3, S. 569–581

[Fis14] FISCHER, G.: *Lineare Algebra*. 18. Auflage. Springer Spektrum, Wiesbaden, 2014

[LM15] LIESEN, J. ; MEHRMANN, V.: *Lineare Algebra*. Springer Spektrum, Wiesbaden, 2. Auflage, 2015

Polynome und ihre Nullstellen

10

Polynome spielen in vielen Bereichen der Mathematik eine wichtige Rolle, und auch wir haben sie in diesem Buch bereits mehrfach angetroffen. Im vorliegenden Abschnitt studieren wir grundlegende und computerorientierte Aspekte der Nullstellen reeller und komplexer Polynome in einer Variablen. Bereits das Polynom $f(x) = x^2 + 1$ illustriert, dass es hierbei von wesentlicher Bedeutung ist, in welchem Körper wir die Nullstellen bestimmen. Während sich die Strukturtheorie über den komplexen Zahlen in vielen Aspekten als einfacher erweist, ist man gerade in Anwendungen oft besonders an reellen Nullstellen interessiert.

Nach Herleitung des Fundamentalsatzes der Algebra studieren wir in den Abschn. 10.1–10.3 explizite Lösungsformeln für Polynome bis zum Grad 4. Anschließend stellen wir in Abschn. 10.4 einen zentralen Zusammenhang zwischen den Nullstellen von Polynomen und Eigenwerten von Matrizen her und diskutieren in Abschn. 10.5 die Resultante zweier Polynome. Abschließend behandeln wir einige algorithmische Techniken zur Untersuchung der reellen Nullstellen eines Polynoms.

10.1 Nullstellen von Polynomen und explizite Formeln

Die folgende Aussage ist zentral bei der Untersuchung von Polynomen mit reellen oder komplexen Koeffizienten.

Theorem 10.1 (Fundamentalsatz der Algebra) *Jedes nichtkonstante Polynom $p(z) = a_n z^n + \cdots + a_1 z + a_0$ mit Koeffizienten in $\mathbb{C}$ besitzt eine Nullstelle in $\mathbb{C}$.*

Unter den vielen Beweisen des Fundamentalsatzes geben wir einen kurzen, jüngeren Beweis von de Oliveira an [Oli11], der neben der Eigenschaft, dass jede stetige, reellwertige Funktion auf einer kompakten Teilmenge von $\mathbb{C}$ ihr Minimum annimmt, noch die Formel von de Moivre (8.1) verwendet.

© Springer Fachmedien Wiesbaden 2016
T. Theobald, S. Iliman, *Einführung in die computerorientierte Mathematik mit Sage*,
Springer Studium Mathematik – Bachelor, DOI 10.1007/978-3-658-10453-5_10

Beweis Nach der Dreiecksungleichung gilt $p(z) \geq |a_n||z|^n - \sum_{j=0}^{n-1} |a_j||z|^j$, so dass $\lim_{|z| \to \infty} |p(z)| = \infty$. Mit der vorab genannten Aussage zum Minimum auf kompakten Mengen ergibt sich damit sofort die Existenz eines Minimalpunktes z_0 der stetigen Funktion $|p|$ auf ganz $\mathbb{C}$. Ohne Einschränkung können wir $z_0 = 0$ annehmen, da andernfalls zur Funktion $p(z - z_0)$ übergegangen werden kann.

p besitzt eine eindeutige Darstellung $p(z) = p(0) + z^k q(z)$ mit einem am Nullpunkt nichtverschwindenden Polynom q. Nun gilt für alle $\omega \in \mathbb{C}$ mit $|\omega| = 1$ und alle $r > 0$ die Eigenschaft

$$0 \leq |p(r\omega)|^2 - |p(0)|^2 = |p(0) + r^k \omega^k q(r\omega)|^2 - |p(0)|^2$$
$$= 2r^k \Re(\overline{p(0)}\omega^k q(rw)) + r^{2k}|q(r\omega)|^2$$

und nach Division durch r^k

$$2\Re(\overline{p(0)}\omega^k q(rw)) + r^k |q(rw)|^2 \geq 0.$$

Da die linke Seite als stetige Funktion auf $r \in [0, \infty)$ betrachtet werden kann, ergibt sich nach Grenzübergang $r \to 0$ weiter

$$\Re(\overline{p(0)}q(0)\omega^k) \geq 0.$$

Mit der Darstellung $\omega = \cos\varphi + i\sin\varphi$ können jeweils Werte für φ gewählt werden, so dass $\omega^k = \cos k\varphi + i\sin k\phi$ die Werte ± 1 und $\pm i$ annimmt. Es folgt $\Re(\pm \overline{p(0)}q(0)) \geq 0$ sowie $\Re(\pm \overline{p(0)}q(0)i) \geq 0$, so dass als Konsequenz dieser vier Ungleichungen $p(0) = 0$ gelten muss.   □

Korollar 10.2 *Jedes Polynom n-ten Grades* $p(z) = a_n z^n + \cdots + a_1 z + a_0$ *mit* $n \geq 1$ *und Koeffizienten in* $\mathbb{C}$ *besitzt in* $\mathbb{C}$ *genau n Nullstellen (mit Vielfachheit gezählt) und kann als Produkt von Linearfaktoren geschrieben werden,*

$$p(z) = a_n(z - z_1) \cdots (z - z_n) \quad \text{mit } z_1, \ldots, z_n \in \mathbb{C}.$$

Beweis Nach dem Fundamentalsatz der Algebra besitzt p eine Nullstelle z_1. Mittels Division mit Rest können wir den Linearfaktor $z - z_1$ abspalten und erhalten ein Polynom $(n - 1)$-ten Grades. Induktiv folgt die Behauptung.   □

Diese wichtigen Existenzaussagen über die Nullstellen von Polynomen beantworten jedoch nicht die Frage, wie die Nullstellen bestimmt werden können.

Wir untersuchen zunächst Polynome kleinen Grades, für deren Nullstellen explizite Formeln bekannt sind. Bereits die Nullstellen eines quadratischen Polynoms $f(x) = x^2 + bx + c$ mit reellen Koeffizienten b, c sind nicht immer reell, sondern können auch komplex sein. Unabhängig davon können wir sie als *Radikalausdrücke* darstellen:

$$x_{1,2} = -\frac{b}{2} \pm \sqrt{\frac{b^2}{4} - c}. \tag{10.1}$$

Der Ausdruck $\frac{b^2}{4} - c$ wird als *Diskriminante* des quadratischen Polynoms bezeichnet. Im Fall einer positiven Diskriminante existieren zwei verschiedene reelle Nullstellen und im Fall einer negativen Diskriminante ein Paar zueinander konjugierter, nicht-reeller Nullstellen. Verschwindet die Diskriminante, dann liegt eine doppelte reelle Nullstelle vor. Auch für komplexe Koeffizienten b und c bleibt die Lösungsformel gültig.

Ebenso gibt es für Polynome dritten und vierten Grades Lösungsformeln, die explizite Ausdrücke für die Nullstellen liefern. Diese Formeln sind in den meisten Computeralgebra-Systemen, so auch in `Sage`, implementiert.

10.2 Die kubische Gleichung

Wir betrachten im Detail die *kubische* Gleichung

$$ax^3 + bx^2 + cx + d = 0 \tag{10.2}$$

für $a \neq 0$; aus Notationsgründen bei der späteren Behandlung behalten wir auch den führenden Koeffizienten a bei. Bekanntlich ergibt sich die x-Koordinate x_W des Wendepunkts eines kubischen Polynoms als Nullstelle der zweiten Ableitung, $x_W = -\frac{b}{3a}$. Durch die Substitution $z = x + \frac{b}{3a}$ wird der Wendepunkt nach $z = 0$ verschoben, und die kubische Gleichung in z besitzt keine quadratischen Term mehr. Die vereinfachte Gleichung ist also von der Form

$$z^3 = pz + q, \tag{10.3}$$

wobei die neuen Koeffizienten p, q als rationale Ausdrücke in den Koeffizienten a, b, c, d hervorgehen. Wir bemerken, dass die verwendete Variablentransformation die Summe der Nullstellen des resultierenden Polynoms auf Null bringt.

Zur Untersuchung der Kubik führen wir eine weitere Substitution aus, $z = u + v$, so dass

$$3uv(u + v) + u^3 + v^3 = p(u + v) + q. \tag{10.4}$$

Die Zerlegung von z in u und v ist natürlich nicht eindeutig. Spalten wir (10.4) auf in

$$3uv = p, \quad u^3 + v^3 = q,$$

wird die Zerlegung eindeutig. Auflösen der ersten Gleichung nach v, $v = \frac{p}{3u}$ und Einsetzen in die zweite Gleichung liefert eine quadratische Gleichung in u^3,

$$(u^3)^2 - qu^3 + \left(\frac{p}{3}\right)^3 = 0.$$

Mit der Lösungsformel für quadratische Gleichungen ergibt sich

$$u^3 = \frac{q}{2} \pm \sqrt{\left(\frac{q}{2}\right)^2 - \left(\frac{p}{3}\right)^3}.$$

Die Symmetrie der Formeln in u und v hat zur Folge, dass sich für v nichts wesentlich Neues ergibt. Wir erhalten

$$u^3 = \frac{q}{2} + \sqrt{\left(\frac{q}{2}\right)^2 - \left(\frac{p}{3}\right)^3}, \quad v^3 = \frac{q}{2} - \sqrt{\left(\frac{q}{2}\right)^2 - \left(\frac{p}{3}\right)^3}$$

und daher

$$z = \sqrt[3]{\frac{q}{2} + \sqrt{\left(\frac{q}{2}\right)^2 - \left(\frac{p}{3}\right)^3}} + \sqrt[3]{\frac{q}{2} - \sqrt{\left(\frac{q}{2}\right)^2 - \left(\frac{p}{3}\right)^3}}. \tag{10.5}$$

Für die ursprüngliche Gleichung (10.2) haben wir so einen Lösungskandidaten $x = z - \frac{b}{3a}$ gefunden. Durch Division mit Rest reduzieren wir dann die Gleichung dritten Grades auf eine Gleichung zweiten Grades und behandeln diese nach dem schon vorgestellten Verfahren für Gleichungen zweiten Grades weiter.

Beispiel 10.3 Betrachte die Gleichung

$$x^3 - 7x - 6 = 0.$$

Wie mittels Sage leicht verifiziert werden kann, hat sie die Lösungen $x_1 = 1, x_2 = 2, x_3 = -3$ (in $\mathbb{Q}$).

```
var('x')
solve(x^3 - 7*x + 6, x)          [x == 1,  x == 2,  x == -3]
```

Die oben beschriebene Vorgehensweise liefert in $\mathbb{C}$ die Lösung

$$x^* = \sqrt[3]{3 + i\sqrt{\frac{100}{27}}} + \sqrt[3]{3 - i\sqrt{\frac{100}{27}}}.$$

Tatsächlich handelt es sich bei diesem Ausdruck um die Lösung x_3:

```
w1 = CDF(3 + sqrt(-1)*sqrt(100/27))
w2 = CDF(3 - sqrt(-1)*sqrt(100/27))
w1.nth_root(3) + w2.nth_root(3)              3.0
```

Hierbei bezeichnet der Sage-Datentyp CDF (Complex Double Field) komplexe Zahlen mit doppelter numerischer Rechengenauigkeit und nth_root(3) die dritte Wurzel.

Bemerkung 10.4 Aus dem Zwischenwertsatz der Analysis folgt, dass jede kubische Gleichung mit reellen Koeffizienten eine reelle Lösung besitzt. Denn für ein kubisches Polynom p gilt $\lim_{x \to \infty} p(x) = \infty$, $\lim_{x \to -\infty} p(x) = -\infty$ oder $\lim_{x \to \infty} p(x) = -\infty$, $\lim_{x \to -\infty} p(x) = \infty$.

Abb. 10.1 Kubik mit Wendepunkt sowie den Parameter δ,
λ, h

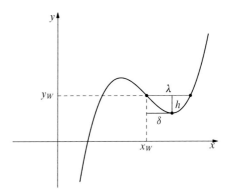

Ähnlich wie bei der quadratischen Gleichung kann man auch bei der kubischen Gleichung entscheiden, welche Arten von Nullstellen (reell oder komplex) vorliegen. Wir
studieren hierzu die Geometrie kubischer Polynome. Sei im Folgenden f ein kubisches
Polynom der Form $f = ax^3 + bx^2 + cx + d$ mit reellen Koeffizienten und $a \neq 0$. Den
Wendepunkt von f bezeichnen wir mit (x_W, y_W), wobei $x_W = -\frac{b}{3a}$.

Es ist nun zweckmäßig, die Parameter δ, λ und h wie in Abb. 10.1 zu definieren.
Hierbei ist insbesondere λ der x-Wert der positiven Nullstelle in einem um den Vektor
$(-x_W, -y_W)$ verschobenen Funktionsgraphen.

Wie zu Beginn des Abschnitts verwenden wir die Variablensubstitution $z = x - x_W$,
um den Wendepunkt an die Stelle $z = 0$ zu bringen und damit den quadratischen Term zu
eliminieren. Unter Verwendung der eingeführten Kubikparameter erhalten wir die Gleichung

$$az^3 - 3a\delta^2 z + y_W = 0, \tag{10.6}$$

denn die transformierte Funktion hat an der Stelle 0 den Funktionswert y_W, und der lineare
Koeffizient ergibt sich durch Koeffizientenvergleich daraus, dass die erste Ableitung der
linken Seite von (10.6) die Nullstellen $\pm\delta$ hat.

Wir drücken den Parameter δ mittels der Koeffizienten a, b, c aus, und die Parameter λ
und h lassen sich in einfacher Abhängigkeit von δ beschreiben:

Lemma 10.5 *Es gilt* $\lambda^2 = 3\delta^2$ *sowie* $h = 2a\delta^3$, *wobei* $\delta^2 = \frac{b^2 - 3ac}{9a^2}$.

Beweis Der Ausdruck für δ^2 ergibt sich unmittelbar aus der Betrachtung der um den Wert
x_W verminderten Nullstellen der ersten Ableitung von f. Die Ausdrücke für λ und h
ergeben sich dann mit der Gleichung (10.6) in der transformierten Variablen z. $\square$

Wir zerlegen z nun wiederum in $z = u + v$ und identifizieren

$$uv = \delta^2 \quad \text{sowie} \quad u^3 + v^3 = -y_W/a.$$

Wie zu Beginn des Abschnitts lösen wir die erste Gleichung nach v auf und setzen in die zweite ein. Auflösen der resultierenden quadratischen Gleichung in u^3 liefert

$$u^3 = \frac{1}{2a}\left(-y_W \pm \sqrt{y_W^2 - 4a^2\delta^6}\right).$$

Wegen $h^2 = 4a^2\delta^6$ ergibt sich

$$u^3 = \frac{1}{2a}\left(-y_W \pm \sqrt{y_W^2 - h^2}\right)$$

$$= \frac{1}{2a}\left(-y_W \pm \sqrt{(y_W + h)(y_W - h)}\right).$$

Aus Abb. 10.1 geht die folgende Charakterisierung hervor:

- Ist $y_W^2 < h^2$, dann existieren drei verschiedene reelle Nullstellen.
- Ist $y_W^2 = h^2$, dann existieren drei reelle Nullstellen, wobei zwei oder drei dieser Nullstellen gleich sind.
- Ist $y_W^2 > h^2$, dann existieren eine reelle Nullstelle und zwei konjugierte, nicht-reelle Nullstellen.

Wir verwenden nun Sage, um diese Charakterisierung in den Ausgangskoeffizienten a, b, c, d des Polynoms f auszudrücken.

```
var('a,b,c,d')
xW = -b/(3*a)
yW = a*xW^3 + b*xW^2 + c*xW + d
d2 = (b^2 - 3*a*c) / (9*a^2)
h2 = 4*a^2*d2^3
expand((h2 - yW^2)*27*a^2)        b^2*c^2 - 4*a*c^3 - 4*b^3*d
                                  + 18*a*b*c*d - 27*a^2*d^2
```

Hierbei dient der positive Faktor $27a^2$ bei der Berechnung von $h^2 - y_W^2$ nur der angenehmeren Normierung. Das ermittelte Polynom Δ,

$$\Delta = 27a^2(h^2 - y_W^2)$$

$$= b^2c^2 - 4ac^3 - 4b^3d - 27a^2d^2 + 18abcd,$$

bezeichnen wir als die *Diskriminante* des kubischen Polynoms $ax^3 + bx^2 + cx + d$. Falls die Koeffizienten von f reell sind, ist die Diskriminante Δ ein Polynom in a, b, c und d mit reellen Koeffizienten. Mittels Δ lassen sich folgende Fälle für die Art der Nullstellen von kubischen Gleichungen unterscheiden:

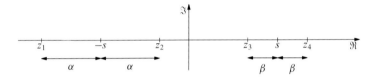

Abb. 10.2 Geometrie der Nullstellen einer reduzierten Quartik. Im Bild sind alle Nullstellen reell

Theorem 10.6 *Sei Δ die Diskriminante eines kubischen Polynoms $f = ax^3 + bx^2 + cx + d$ mit reellen Koeffizienten und $a \neq 0$.*

- *Ist $\Delta > 0$, so existieren drei verschiedene reelle Nullstellen,*
- *Ist $\Delta = 0$, so existieren drei reelle Nullstellen, von denen zwei oder drei jedoch übereinstimmen.*
- *Ist $\Delta < 0$, so existieren eine reelle und zwei konjugierte, nicht-reelle Nullstellen.*

10.3   Die quartische Gleichung

Wir betrachten nun die *quartische* Gleichung

$$ax^4 + bx^3 + cx^2 + dx + e = 0, \qquad (10.7)$$

mit (komplexen) Koeffizienten $a, \dots, e$ sowie $a \neq 0$. Diese Gleichung wird durch die Substitution $z = x + \frac{b}{4a}$ vereinfacht zur *reduzierten quartischen Gleichung*

$$z^4 + pz^2 + qz + r = 0, \qquad (10.8)$$

wobei die neuen Koeffizienten p, q, r gewisse rationale Ausdrücke in a, b, c, d, e sind. Bezeichnen $z_1, \dots, z_4$ die Nullstellen der reduzierten quartischen Gleichung, dann sieht man durch Ausmultiplizieren von $\prod_{i=1}^{4}(z - z_i)$ unmittelbar, dass das Verschwinden des kubischen Terms in (10.8) äquivalent zu $\sum_{i=1}^{4} z_i = 0$ ist. Dies mündet in folgende geometrische Überlegungen.

Betrachte die beiden Punkte $\frac{1}{2}(z_1 + z_2)$ sowie $\frac{1}{2}(z_3 + z_4)$. Diese können wir in der Form $-s$ und $+s$ mit einer Zahl s darstellen (siehe Abb. 10.2). Durch Setzen von $\alpha := \frac{1}{2}(z_2 - z_1)$ und $\beta := \frac{1}{2}(z_4 - z_3)$ können wir die vier Nullstellen $z_1, \dots, z_4$ als $-s - \alpha, -s + \alpha, s - \beta$ bzw. $s + \beta$ darstellen, so dass die kubische Gleichung von der Form

$$\big(z - (-s - \alpha)\big)\big(z - (-s + \alpha)\big)\big(z - (s - \beta)\big)\big(z - (s + \beta)\big) = 0 \qquad (10.9)$$

ist. Wir werden nun s in Abhängigkeit von den Koeffizienten der reduzierten Quartik charakterisieren. Aufgrund der Symmetrie, die bei der Wahl der Zerlegungspunkte $\pm s$

vorliegt, werden wir s nicht eindeutig charakterisieren können, sondern werden stattdessen eine kubische Gleichung für s^2 erhalten, deren Lösungen s_1, s_2, s_3 (ohne Einschränkung) die Bedingungen

$$2s_1 = z_1 + z_2, \quad 2s_2 = z_1 + z_3, \quad 2s_3 = z_1 + z_4 \tag{10.10}$$

erfüllen. Zur Gewinnung dieser Charakterisierung multiplizieren wir zunächt (10.9) aus,

$$z^4 + (-2s^2 - \alpha^2 - \beta^2)z^2 + 2s(\alpha^2 - \beta^2)z + (s^2 - \alpha^2)(s^2 - \beta^2) = 0.$$

Durch Koeffizientenvergleich mit (10.8) ergibt sich

$$p = -2s^2 - \alpha^2 - \beta^2, \quad q = 2s(\alpha^2 - \beta^2), \quad r = (s^2 - \alpha^2)(s^2 - \beta^2).$$

Aus den ersten beiden Gleichungen folgt

$$s^2 - \alpha^2 = \frac{1}{2}\left(p + 4s^2 + \frac{q}{2s}\right), \quad s^2 - \beta^2 = \frac{1}{2}\left(p + 4s^2 - \frac{q}{2s}\right),$$

so dass

$$r = (s^2 - \alpha^2)(s^2 - \beta^2) = \frac{1}{4}\left(p + 4s^2\right)^2 - \frac{1}{4}\left(\frac{q}{2s}\right)^2. \tag{10.11}$$

Multiplikation der Gleichung (10.11) mit $s^2/4$ ergibt eine Gleichung vom Grad 3 in s^2, also vom Grad 6 in s. Setzt man $y := s^2$, ergibt sich die kubische Bedingung

$$R(y) := y^3 + \frac{p}{2}y^2 + \left(\frac{p^2 - 4r}{16}\right)y - \frac{q^2}{64} = 0. \tag{10.12}$$

Das kubische Polynom $R(y)$ heißt die *kubische Resolvente* der quartischen Gleichung.

Mit Hilfe dieser Charakterisierung können wir nun die Lösungsformel herleiten. Aus nachstehendem Theorem 10.7 geht hervor, dass jede Nullstelle der reduzierten quartischen Gleichung unter acht möglichen Werten $\pm s_1 \pm s_2 \pm s_3$ ist. Bei der Auswahl der richtigen Vorzeichenkombinationen werden wir sehen, dass $s_1 s_2 s_3$ stets einen der Werte $\pm\frac{q}{8}$ hat.

Theorem 10.7 *Sei $f(z) = z^4 + pz^2 + qz + r$. Seien y_1, y_2 und y_3 die Lösungen der kubischen Gleichung (10.12) und $s_i := \pm\sqrt{y_i}$, $1 \le i \le 3$, wobei die Vorzeichen so gewählt werden, dass $s_1 s_2 s_3 = -\frac{q}{8}$.[1] Dann sind die Nullstellen von f gegeben durch*

$$z_1 = s_1 + s_2 + s_3,$$
$$z_2 = s_1 - s_2 - s_3,$$
$$z_3 = -s_1 + s_2 - s_3,$$
$$z_4 = -s_1 - s_2 + s_3.$$

[1] Zur Existenz von Quadratwurzeln von komplexen Zahlen siehe Aufgabe 6.

Abb. 10.3 Graph der Quartik
$f = x^4 + x^3 - 22x^2 - 16x + 96$

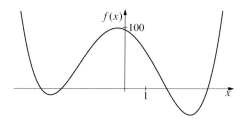

Dieser Zugang zur Darstellung der Lösungen der quartischen Gleichung geht auf Euler zurück. Zuvor hatte im Jahr 1545 L. Ferrari (1522–65) bereits eine Berechnungsformel vorgestellt.

Beweis Aufgrund der Symmetrie bei der Wahl der Zerlegungspunkte $\pm s$ können wir ohne Einschränkung eine Nummerierung der y_i und s_i annehmen, für die s_1, s_2 und s_3 die Bedingung (10.10) erfüllen. Unter Verwendung von $\sum_{i=1}^{4} z_i = 0$ folgt

$$s_1 + s_2 + s_3 = \tfrac{1}{2}(z_1 + z_2 + z_1 + z_3 + z_1 + z_4) = z_1 \,,$$

$$s_1 - s_2 - s_3 = \tfrac{1}{2}(z_1 + z_2 - z_1 - z_3 - z_1 - z_4) = z_2 \,,$$

$$-s_1 + s_2 - s_3 = \tfrac{1}{2}(-z_1 - z_2 + z_1 + z_3 - z_1 - z_4) = z_3 \,,$$

$$-s_1 - s_2 + s_3 = \tfrac{1}{2}(-z_1 - z_2 - z_1 - z_3 + z_1 + z_4) = z_4 \,.$$

Um beim Übergang von den y_i zu den s_i die richtigen Vorzeichen zu wählen, schließen wir aus (10.10)

$$s_1 s_2 s_3 = \frac{1}{8}(z_1 + z_2)(z_1 + z_3)(z_1 + z_4)$$

$$= \frac{1}{8}\left(z_1^3 + z_1^2(z_2 + z_3 + z_4) + z_1(z_2 z_3 + z_2 z_4 + z_3 z_4) + z_2 z_3 z_4\right)$$

$$= \frac{1}{8}\left(z_1 z_2 z_3 + z_1 z_2 z_4 + z_1 z_3 z_4 + z_2 z_3 z_4\right) \,,$$

wobei im letzten Schritt erneut $\sum_{i=1}^{4} z_i = 0$ verwendet wurde. Durch Ausmultiplizieren von $\prod_{i=1}^{4}(z - z_i)$ sowie Koeffizientenvergleich mit dem reduzierten quartischen Polynom erhalten wir $s_1 s_2 s_3 = -\frac{q}{8}$, woraus sich die Vorzeichenbedingung erschließt. □

In Sage können wir die Bestimmung der Nullstellen einer quartischen Gleichung wie folgt realisieren. Wir gehen hierbei von reellen Koeffizienten aus und haben die Vorzeichenüberprüfung der s_i durch einen einfachen Vorzeichentest realisiert. Ferner liefert der Befehl f.coefficient(x,k) den Koeffizienten des Polynoms f zur Potenz x^k, und subs dient zur Substitution einer Variablen durch einen Ausdruck. Die in dem Programmstück untersuchte Funktion ist in Abb. 10.3 dargestellt.

```
var('x,y,z')
f = x^4 + x^3 - 22*x^2 -16*x + 96
[a, b] = [f.coefficient(x,4), f.coefficient(x,3)]
g = expand(f.subs(x = z - b/(4*a)) / a)
[p,q,r] = [g.coefficient(z,2), g.coefficient(z,1), g.coefficient(z,0)]
R = y^3 + p/2*y^2 + (p^2 - 4*r)/16*y - q^2/64
so = solve(R, y)
[s1,s2,s3] = [sqrt(so[0].rhs()),sqrt(so[1].rhs()),sqrt(so[2].rhs())]
# Vorzeichentest fuer reelle Koeffizienten
if sgn(n(s1*s2*s3)) <> sgn(-q/8):
    s2 = -s2
h = z - b/(4*a); # Ruecksubstitution
print(n(h.subs(z=s1+s2+s3), digits=3))                      4.00
print(n(h.subs(z=s1-s2-s3), digits=3))                     -3.00
print(n(h.subs(z=-s1+s2-s3), digits=3))                    -4.00
print(n(h.subs(z=-s1-s2+s3), digits=3))                     2.00
```

Grenzen expliziter Lösungsformeln   Bei den bisher angegebenen Lösungsformeln für die Nullstellen von Polynomen erhielten wir Ausdrücke in den Koeffizienten der Gleichungen, die nur die Operationen

$$+, -, \cdot, \div, \sqrt[m]{}$$

mit $m \leq 2$ (quadratische Gleichung), $m \leq 3$ (kubische Gleichung) bzw. $m \leq 4$ (quartische Gleichung) verwenden. Allgemein heißt eine polynomiale Gleichung

$$a_n x^n + a_{n-1} x^{n-1} + \cdots + a_1 x + a_0 = 0$$

lösbar durch *Radikale*, wenn jede Lösung als Ausdruck in den Koeffizienten $a_0, \ldots, a_n$ geschrieben werden kann, welcher nur die Operationen

$$+, -, \cdot, \div, \sqrt[m]{}, \; m \leq n,$$

verwendet.

Für Polynome vom Grad ≥ 5 liegt eine völlig andere Situation vor. Nach einem Ergebnis der Galois-Theorie können die Nullstellen eines Polynoms $f(x)$ vom Grad ≥ 5 im Allgemeinen nicht mehr durch Radikale dargestellt werden, ein einfaches Beispiel für ein solches Polynom ist $x^5 - 4x + 2$.

Auch hinsichtlich der für kubische Gleichungen aufgeführten Diskriminante sei auf die Grenzen hingewiesen. Wir hätten auch bei der quartischen Gleichung eine Diskriminante angeben können, die die verschiedenen qualitativen Situationen für die Nullstellen charakterisiert. Tatsächlich besitzt die Diskriminante der Gleichung vom Grad 4, 5 und 6 bereits 16, 59 bzw. 246 Terme und entzieht sich damit immer stärker dem expliziten geometrischen Verständnis.

10.4   Nullstellen von Polynomen und Eigenwerte von Matrizen

Ist für eine Nullstelle eines Polynoms eine Näherungslösung bekannt, lässt sich mit dem in Abschn. 7.4 behandelten Newton-Verfahren die Nullstelle numerisch bestimmen. Wir stellen nun einen grundlegenden Zusammenhang zwischen den Nullstellen eines gegebenen Polynoms und den Eigenwerten einer zugeordneten Matrix vor. Insbesondere kann damit die (numerische) Bestimmung *aller* Nullstellen des Polynoms auf ein Eigenwertproblem der linearen Algebra zurückgeführt werden. Für das Bestimmen der Eigenwerte einer komplexen Matrix stehen in der Literatur gut untersuchte numerische Verfahren zur Verfügung, die – wie wir bereits in Abschn. 9.4 gesehen haben – auch in `Sage` verfügbar sind.

Nach Abschn. 9.4 sind die Eigenwerte einer (reellen oder komplexen) $n \times n$-Matrix A die Nullstellen des charakteristischen Polynoms $\chi_A(x) = \det(A - xE_n)$. Das charakteristische Polynom $\chi_A(x)$ ist vom Grad n und hat den führenden Koeffizienten $(-1)^n$. Um die Nullstellen eines gegebenen Polynoms $p(x)$ vom Grad n als Eigenwerte auffassen zu können, geben wir eine Matrix C_p an, dessen charakteristisches Polynom sich von p nur um einen konstanten Faktor unterscheidet.

Sei $p = x^n + a_{n-1}x^{n-1} + \cdots + a_1 x + a_0$ ein nichtkonstantes Polynom mit komplexen Koeffizienten. Dann heißt die Matrix

$$C_p = \begin{pmatrix} 0 & 1 & 0 & \cdots & 0 \\ 0 & 0 & 1 & \cdots & 0 \\ \vdots & \vdots & \vdots & \ddots & \vdots \\ 0 & 0 & 0 & \cdots & 1 \\ -a_0 & -a_1 & -a_2 & \ldots & -a_{n-1} \end{pmatrix} \in \mathbb{C}^{n \times n}$$

die *Begleitmatrix* von p.

Theorem 10.8 *Für jedes nichtkonstante Polynom $p = x^n + \sum_{j=0}^{n-1} a_j x^j$ mit komplexen Koeffizienten gilt*

$$\det(C_p - xE_n) = (-1)^n p(x).$$

Beweis Der Induktionsanfang des induktiven Beweises ist klar. Für $n > 1$ ergibt Streichen der ersten Zeile und der ersten Spalte von C_p die Begleitmatrix des Polynoms $q(x) = x^{n-1} + \sum_{j=1}^{n-1} a_j x^{j-1}$. Entwickeln der Determinante von $C_p - xE_n$ nach der ersten Spalte liefert induktiv daher

$$\det(C_p - xE_n) = (-x)(-1)^{n-1}q(x) + (-1)^{n+1}(-a_0) = (-1)^n p(x). \qquad \square$$

Die Nullstellen des Polynoms p sind also genau die Eigenwerte der Begleitmatrix C_p. Als Folgerung können damit auch Schranken für die Nullstellen eines normierten Polynoms angegeben werden, aufbauend auf der nachstehenden Schranke für die Eigenwerte einer Matrix.

Theorem 10.9 (Gerschgorin) *Sei* $A = (a_{ij}) \in \mathbb{C}^{n \times n}$. *Der i-te Gerschgorin–Kreis ist definiert als*

$$\bar{S}_i = \bar{S}\left(a_{ii}, \sum_{\substack{i=1 \\ j \neq i}}^{n} |a_{ij}|\right),$$

wobei $\bar{S}(x, r)$ den abgeschlossenen Kreis um $x \in \mathbb{C}$ mit Radius $r > 0$ bezeichnet. Dann ist die Menge der Eigenwerte von A eine Teilmenge von $\bigcup \bar{S}_i$.

Beweis Sei λ ein Eigenwert von A mit zugehörigem Eigenvektor v und $i \in \{1, \ldots, n\}$ derart gewählt, dass $|v_i| = \max_i |v_i|$. Dann gilt $|v_i| > 0$, denn sonst wäre $v = 0$. Aus $A\lambda = \lambda v$ folgt durch Betrachten der i-ten Zeile

$$\sum_{\substack{i=1 \\ j \neq i}} a_{ij} v_j = \lambda v_i - a_{ii} v_i \quad \text{für alle } i \in \{1, \ldots, n\}.$$

Division der Gleichung durch v_i und Übergang zum Betrag liefert aufgrund der Maximalität von $|v_i|$ die gewünschte Ungleichung

$$|\lambda - a_{ii}| = \frac{1}{|v_i|}\left|\sum_{\substack{i=1 \\ j \neq i}} a_{ij} v_j\right| \leq \sum_{\substack{i=1 \\ j \neq i}} |a_{ij}|. \qquad \square$$

Angewandt auf die Begleitmatrix C_p folgt dann:

Korollar 10.10 *Die Nullstellen des Polynoms p liegen in der Vereinigung der Kreisscheiben $\bar{S}(0, 1)$ und $\bar{S}(-a_{n-1}, |a_0| + \cdots + |a_{n-2}|)$.*

Betrachten wir das bereits am Ende von Abschn. 10.3 genannte Polynom $f(x) = x^5 - 4x + 2$, so besagt das Korollar, dass die fünf Nullstellen im Kreis $\bar{S}(0, 6)$ liegen. Mittels Sage zielen wir darauf ab, uns diese Nullstellen ausgeben zu lassen.

```
var('x')
f = x^5 - 4*x + 2
solve(f,x)                    [0 == x^5 - 4*x + 2]
```

Man sieht, dass Sage die Nullstellen auf diese Weise nicht ausgeben kann. Um numerische Werte für die komplexen Nullstellen zu bestimmen, ist Sage mit R.<x>=CC['x'] zunächst mitzuteilen, dass über dem komplexen Polynomring $\mathbb{C}[x]$ gearbeitet wird.

Abb. 10.4 Gerschgorin-Kreis
und Nullstellen

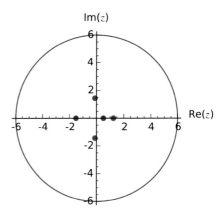

```
R.<x>=CC['x']
L = (x^5-4*x+2).complex_roots()      [-1.519, 0.5085, 1.244,
[n(z,digits=4) for z in L]             -0.1168 - 1.438*I,
                                       -0.1168 + 1.438*I]
```

Aufbauend hierauf können der Gerschgorin-Kreis und die Lage der Nullstellen darin mit
den folgenden Sage-Zeilen elegant ausgegeben werden:

```
A = circle((0,0), 6)
def complex_point_plot(pts):
    return list_plot([(real(i), imag(i)) for i in pts],
    axes_labels = ['Re($z$)', 'Im($z$)'], size=30)
B = complex_point_plot(L)
show(A+B)
```

Das Ergebnis ist in Abb. 10.4 zu sehen.

10.5   Die Resultante

Wir behandeln hier eine interessante Anwendung von Determinanten bei der algorithmischen Untersuchung von Polynomen. Mit Hilfe der *Resultante* zweier komplexer Polynome kann man entscheiden, ob f und g eine gemeinsame Nullstelle besitzen, ohne solch
eine Nullstelle explizit berechnen zu müssen.

▶ **Definition 10.11** Seien

$$f = a_n x^n + \cdots + a_1 x + a_0, \quad \text{mit } a_n \neq 0$$
$$g = b_m x^m + \cdots + b_1 x + b_0, \quad \text{mit } b_m \neq 0$$

Polynome vom Grad m bzw. n mit Koeffizienten in $\mathbb{C}$. Die *Resultante* $\mathrm{res}(f,g)$ ist die Determinante der $(m+n) \times (m+n)$-Matrix

$$\left.\left.\begin{pmatrix} a_n & a_{n-1} & \cdots & a_0 \\ & \ddots & \ddots & & \ddots \\ & & a_n & a_{n-1} & \cdots & a_0 \\ b_m & b_{m-1} & \cdots & b_0 \\ & \ddots & \ddots & & \ddots \\ & & b_m & b_{m-1} & \cdots & b_0 \end{pmatrix}\right\}\begin{array}{l} m \text{ Zeilen,} \\[2em] n \text{ Zeilen.} \end{array}\right. \tag{10.13}$$

Die Matrix (10.13) heißt *Sylvester-Matrix* von f und g.

Beispiel 10.12 In Sage bestimmen wir die Resultante der Polynome $f(x) = x^2 + x + 1$ und $g(x) = x + 1$, sowie von $f(x) = x^2 + 2x + 1$ und $g(x) = x + 1$

```
f = x^2+x+1
g = x+1
Res = f.resultant(g); Res                    1
f = x^2+2*x+1
g = x+1
Res = f.resultant(g); Res                    0
```

Der interessante Zusammenhang zwischen der Resultante zweier Polynome und der Existenz einer gemeinsamen Nullstelle dieser Polynome ist in dem folgenden Theorem dargestellt.

Theorem 10.13 *Zwei Polynome f, g mit Koeffizienten in $\mathbb{C}$ besitzen genau dann eine gemeinsame Nullstelle, wenn $\mathrm{res}(f,g) = 0$ ist.*

Es ist besonders bemerkenswert, dass die Eigenschaft einer gemeinsamen Nullstellen elegant mit Methoden der linearen Algebra charakterisiert werden kann. Als Vorbereitung für den Beweis des Theorems erinnern wir daran, dass sich jedes Polynom in einer Variablen nach dem Fundamentalsatz der Algebra als Produkt von Linearfaktoren schreiben lässt (siehe Korollar 10.2).

Besitzen die Polynome f und g eine gemeinsame Nullstelle, dann existiert also ein gemeinsamer Faktor h vom Grad mindestens 1, und als Konsequenz existieren Polynome f^* und g^* mit $f(x) = h(x)f^*(x)$ und $g(x) = h(x)g^*(x)$. Es folgt unmittelbar

$$g^*(x)f(x) + (-f^*(x))g(x) = 0\,.$$

Im Falle der Existenz einer gemeinsamen Nullstelle existieren daher von Null verschiedene Polynome $s(x) = \sum_{i=0}^{n-1} s_i x^i$ und $t(x) = \sum_{i=0}^{m-1} t_i x^i$ mit Graden höchstens $n-1$ bzw.

$m - 1$, so dass

$$t(x)f(x) + s(x)g(x) = 0. \tag{10.14}$$

Können umgekehrt zwei solche Polynome $s, t \neq 0$ mit der Eigenschaft (10.14) gefunden werden, dann besitzen f und g eine gemeinsame Nullstelle. Denn alle Nullstellen von $f(x)$ sind auch Nullstellen des Produkts $s(x)g(x)$; da $s(x)$ jedoch einen kleineren Grad als $f(x)$ hat, existiert eine gemeinsame Nullstelle von f und g.

Beweis Zum Nachweis von Theorem 10.13 expandieren wir die linke Seite von (10.14) und erhalten

$$(t_{m-1}a_n + s_{n-1}b_m)x^{m+n-1}$$
$$+ (t_{m-1}a_{n-1} + t_{m-2}a_n + s_{n-1}b_{m-1} + s_{n-2}b_m) + \cdots$$
$$+ \left(\sum_{j=1}^{i} t_{m-j}a_{n+j-i} + \sum_{k=1}^{i} s_{n-k}b_{m+k-i} \right) + \cdots$$
$$+ (t_1a_0 + t_0a_1 + s_1b_0 + s_0b_1)x + (t_0a_0 + s_0b_0).$$

Damit sich das Nullpolynom ergibt, müssen alle Koeffizienten des Polynoms verschwinden. Aus dieser Bedingung ergibt sich das lineare Gleichungssystem in den Koeffizienten $t_0, \ldots, t_{m-1}, s_0, \ldots, s_{n-1}$,

$$\begin{pmatrix} a_n & a_{n-1} & \cdots & a_0 & & & \\ & \ddots & \ddots & & \ddots & & \\ & & a_n & a_{n-1} & \cdots & a_0 \\ b_m & b_{m-1} & \cdots & b_0 & & & \\ & \ddots & \ddots & & \ddots & & \\ & & b_m & b_{m-1} & \cdots & b_0 \end{pmatrix} \begin{pmatrix} t_{m-1} \\ \vdots \\ t_0 \\ s_{n-1} \\ \vdots \\ s_0 \end{pmatrix} = 0. \tag{10.15}$$

Wir erkennen die Sylvester-Matrix wieder und beobachten, dass die Polynomgleichung (10.14) genau dann eine Lösung mit von Null verschiedenen Polynomen s, t hat, wenn die Determinante der Sylvester-Matrix – also die Resultante von f und g – verschwindet. □

10.6 Reelle Nullstellen (*)

Wir haben gesehen, dass für quadratische und kubische Polynome mittels der Diskriminante sofort entschieden werden kann, ob das Polynom reelle Nullstellen besitzt. In diesem Abschnitt erläutern wir, wie die Anzahl der reellen Nullstellen eines Polynoms beliebigen Grades exakt bestimmt werden kann. Als Ausgangsfrage betrachten wir das

Problem, die Nullstellen des durch

$$f(x) = x^{10} - 6x^9 + 12x^8 - 64x^7 + 175x^6 - 224x^5 + 259x^4 - 170x^3 + 124x^2$$
$$- 80x + 16$$

definierten Polynoms vom Grad 10 zu bestimmen und zu analysieren. Wir versuchen zunächst, die Nullstellen mit dem `solve`-Befehl von Sage zu berechnen:

```
var('x')
f = x^(10)-6*x^9+12*x^8-64*x^7+175*x^6-224*x^5+259*x^4-170*x^3+124*x^2
    -80*x+16
solve(f,x)
```

Die Ausgabe lautet:

```
[x == 2, x == -1/2*(7/18*I*sqrt(3) + 7/2)^(1/3)*(I*sqrt(3) + 1) -
1/6*(-7*I*sqrt(3) + 7)/(7/18*I*sqrt(3) + 7/2)^(1/3) + 2,
x == -1/2*(-I*sqrt(3) + 1)*(7/18*I*sqrt(3) + 7/2)^(1/3) -
1/6*(7*I*sqrt(3) + 7)/(7/18*I*sqrt(3) + 7/2)^(1/3) + 2,
x == (7/18*I*sqrt(3) + 7/2)^(1/3) + 7/3/(7/18*I*sqrt(3)
                                      + 7/2)^(1/3) + 2,
0 == x^6 + 2*x^5 + 11*x^4 + x^3 + 16*x^2 + 4*x + 8]
```

Wir interpretieren diese Ausgabe, hinter der sich tatsächlich die gewünschten zehn Nullstellen verbergen. Aus der ersten Zeile geht hervor, dass $x = 2$ eine Nullstelle ist. Und die letzte Zeile besagt, dass weitere Lösungen der Gleichung $f(x) = 0$ aus den Lösungen der Gleichung $x^6 + 2x^5 + 11x^4 + x^3 + 16x^2 + 4x + 8 = 0$ bestehen. Wir untersuchen die numerischen Werte dieses Polynoms vom Grad 6:

```
R.<x> = CC['x']
(x^6 + 2*x^5 + 11*x^4 + x^3 + 16*x^2 + 4*x + 8).complex_roots()
```

Die Ausgabe ergibt sechs nicht-reelle Nullstellen:

```
[-1.12348980185873 - 2.97247461623544*I, -1.12348980185873 +
2.97247461623544*I, -0.277479066043686 - 0.734140602778059*I,
-0.277479066043686 + 0.734140602778059*I, 0.400968867902419 -
1.06086390794891*I, 0.400968867902419 + 1.06086390794891*I]
```

Es gibt also neben der einfachen Nullstelle $x = 2$ drei Paare konjugiert komplexer Nullstellen. Die bereits in der initialen Ausgabe aufgeführten restlichen drei Nullstellen erscheinen a priori ebenfalls komplex zu sein. Da komplexe Nullstellen jedoch in konjugierten Paaren auftreten, scheint hier etwas trügerisch zu sein. Dazu lassen wir uns die Werte dieser drei Nullstellen numerisch ausgeben und beobachten einen interessanten Effekt.

```
n(-1/2*(7/18*I*sqrt(3) + 7/2)^(1/3)*(I*sqrt(3) + 1) -
1/6*(-7*I*sqrt(3) + 7)/(7/18*I*sqrt(3) + 7/2)^(1/3) + 2);
n(-1/2*(-I*sqrt(3) + 1)*(7/18*I*sqrt(3) + 7/2)^(1/3) -
1/6*(7*I*sqrt(3) +7)/(7/18*I*sqrt(3) + 7/2)^(1/3) + 2);
n((7/18*I*sqrt(3) + 7/2)^(1/3) +7/3/(7/18*I*sqrt(3) + 7/2)^(1/3) + 2)
```

Numerisch sehen die Nullstellen dann wie folgt aus:

```
0.643104132107790 + 4.44089209850063e-16*I
0.307978528369904 - 4.44089209850063e-16*I
5.04891733952230 - 2.77555756156289e-17*I
```

Man erkennt, dass diese drei Nullstellen zwar komplex sind, aber sehr kleine Imaginärteile besitzen. Kann es also sein, dass diese Nullstellen tatsächlich reell sind und die von Null verschiedenen Imaginärteile lediglich aus Rundungsfehlern hervorgehen? Die Antworten auf diese Fragen sind in der Tat positiv. Wir vergewissern uns mittels der `plot`-Funktion von `Sage`, dass beispielsweise die letzte der obigen drei Nullstellen reell ist und ungefähr dem Wert des Realteils entspricht. Dazu visualisieren wir das Polynom im Intervall $[5, 5.1]$.

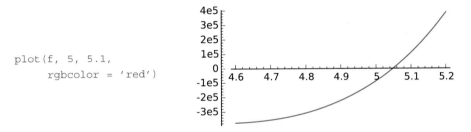

```
plot(f, 5, 5.1,
     rgbcolor = 'red')
```

Diese Nullstelle ist also reell, und ebenso kann man sich anhand des Graphen vergewissern, dass auch die restlichen zwei Nullstellen reell sind. Die großen Funktionswerte in dieser Umgebung (die Bezeichnung $4e5$ an der Koordinatenachse steht für $4 \cdot 10^5$) haben einen Einfluss auf die Numerik. Insgesamt liegen hier also genau vier reelle Nullstellen für das Polynom $f(x)$ vor.

In derartigen Situationen ist es extrem nützlich, schon im vornherein eine exakte Aussage über die Anzahl der reellen Nullstellen machen zu können. Dies ist durchaus möglich und Gegenstand des nächsten Abschnitts.

Sturm-Ketten   Sei f ein univariates Polynom mit reellen Koeffizienten. Die *Sturm-Kette* von f ist die nachstehende Folge von Polynomen absteigenden Grades:

$$
\begin{aligned}
f_0(x) &:= f(x)\,, \\
f_1(x) &:= f'(x)\,, \\
f_i(x) &:= -\operatorname{rem}(f_{i-2}(x), f_{i-1}(x)) \text{ für } i \geq 2\,,
\end{aligned}
$$

wobei rem den Rest bei Division mit Rest bezeichnet. Sei f_m das letzte von Null verschiedene Polynom in der Folge. Der folgende Satz von Sturm macht eine Angabe über die exakte Anzahl reeller Nullstellen eines univariaten Polynoms.

Theorem 10.14 (Sturm) *Sei $f \in \mathbb{R}[x]$ und $a < b$ mit $f(a), f(b) \neq 0$. Dann ist die Anzahl der verschiedenen reellen Nullstellen von f im Intervall $[a, b]$ gleich der Anzahl der Vorzeichenwechsel in der Folge $f_0(a), f_1(a), f_2(a), \ldots, f_m(a)$ minus der Anzahl der Vorzeichenwechsel in der Folge $f_0(b), f_1(b), f_2(b), \ldots, f_m(b)$.*

Hierbei werden Nullen beim Zählen der Vorzeichenwechsel in einer Folge reeller Zahlen ignoriert. Beispielsweise hat die Folge $+0+0-+0$ zwei Vorzeichenwechsel. Wir bemerken, dass im Spezialfall $m = 0$ das Polynom f konstant ist und daher wegen $f(a)$, $f(b) \neq 0$ keine Nullstellen hat.

Beim Beweis des Satzes von Sturm konzentrieren wir uns auf den Fall, bei dem alle Nullstellen die Vielfachheit 1 haben. Sei $N(x)$ die Anzahl der Vorzeichenwechsel an einem Punkt $x \in \mathbb{R}$.

Lemma 10.15 *Für jedes $x \in \mathbb{R}$ hat die Sturm-Kette keine zwei aufeinanderfolgenden Nullstellen.*

Beweis Aufgrund unserer Annahme über die Vielfachheiten können f_0 und f_1 nicht simultan in x verschwinden. Induktiv beobachten wir: Falls f_i und f_{i+1} beide am Punkt x verschwinden würden, dann impliziert die Division mit Rest

$$f_{i-1} = s_i f_i - f_{i+1} \quad \text{mit einem Polynom } s_i \,,$$

dass auch $f_{i-1}(x) = 0$ ist, im Widerspruch zur Induktionsannahme.   □

Beweis des Satzes von Sturm Wir stellen uns vor, dass wir die reelle Zahlengerade von links nach rechts überstreichen. Aufgrund der Stetigkeit von Polynomfunktionen genügt es zu zeigen, dass sich $N(x)$ an einer Nullstelle von f um eins verkleinert und konstant bleibt für eine Nullstelle von $f_i, i > 0$.

Falls $f(x) = 0$: Falls die Polynomfunktion f von positiv auf negativ wechselt, dann ist sie lokal fallend, so dass die Folge der Vorzeichen von $+-\ldots$ auf $--\ldots$ wechselt. Wechselt f hingegen von negativ auf positiv, dann ist sie lokal steigend, so dass die Folge der Vorzeichen von $-+\ldots$ auf $++\ldots$ wechselt.

Falls $f_i(x) = 0$ für ein $i > 0$ (für $i \geq 2$ kann dies auch an einer Nullstelle von f passieren): Wir betrachten den Fall, dass f_i von positiv auf negativ wechselt; wie zuvor ist der andere Fall analog. Dann haben nach Definition von f_{i+1} die Zahlen $f_{i-1}(x)$ und $f_{i+1}(x)$ entgegengesetzte Vorzeichen. Die Vorzeichenfolge wechselt daher von $\ldots++-\ldots$ auf $\ldots+--\ldots$ oder von $\ldots-++\ldots$ auf $\ldots--+\ldots$. In beiden Fällen ist die Anzahl der Vorzeichenwechsel invariant. Sogar *in* x ist die Vorzeichenfolge $\ldots+0-\ldots$ oder $\ldots-0+\ldots$, so dass $N(x)$ in einer Umgebung von x invariant ist.   □

Um alle reelle Nullstellen eines Polynoms $f(x)$ zu zählen, kann der Satz von Sturm auf $a = -\infty$ und $b = \infty$ angewandt werden, was dazu korrespondiert, die Vorzeichen der führenden Koeffizienten der Polynome f_i in der Sturm-Kette zu betrachten.

Wir kommen nun auf das Beispielpolynom zurück, das diesen Abschnitt motivierte. Für das Polynom

$$f(x) = x^{10} - 6x^9 + 12x^8 - 64x^7 + 175x^6 - 224x^5 + 259x^4 - 170x^3 + 124x^2$$
$$- 80x + 16$$

bestimmen nachstehende `Sage`-Zeilen die Sturm-Kette und die Anzahl der reellen Nullstellen. Hierbei bezeichnen `sturm[-k]` das k-te Element von hinten in der Liste `sturm` sowie `len(sturm)` die Listenlänge, und `sturm.remove(0)` löscht den Eintrag mit Inhalt 0 aus der Liste. Der Befehl `quo_rem` liefert den Quotienten und den Rest einer Polynomdivision.

```
R.<x> = QQ['x']
f = x^(10)-6*x^9+12*x^8-64*x^7+175*x^6-224*x^5+259*x^4-170*x^3+124*x^2
    -80*x+16
sturm = [f, f.diff(x)]
while sturm[-1] <> 0:
    sturm.append(-sturm[-2].quo_rem(sturm[-1])[1])
sturm.remove(0)
for i in [0..len(sturm)-1]:
    print 'f', i, '=', sturm[i]
def s(t):
    st = [fi.subs(x=t) for fi in sturm]
    st = [ss for ss in st if ss <> 0]
    return len([i for i in [1..len(st)-1] if st[i]*st[i-1] < 0])
print [(i,s(i)) for i in [-2..6]]
```

Dieser Code liefert die Sturm-Kette bezüglich f, den Graphen von f, sowie die Anzahlen der Vorzeichenwechsel bezüglich den ganzzahligen Werten zwischen -2 und 6. Wir stellen die Anzahlen dar:

```
[(-2, 7), (-1, 7), (0, 7), (1, 5), (2, 4), (3, 4), (4, 4), (5, 4),
 (6, 3)]
```

Überzeugen Sie sich als kleine Übung, dass dieses Verfahren genau dem obigen Verfahren der Sturm-Ketten entspricht. Hierbei ist der Ausdruck $s(i)$ gerade die Anzahl der Vorzeichenwechsel in der Sturm-Kette (ausgewertet in $i \in \mathbb{R}$). Die Anzahl der reellen Nullstellen etwa im Intervall $[-2, 6]$ ist dann gegeben durch $s(-2) - s(6) = 7 - 3 = 4$. Dies bestätigt unsere vorherigen Überlegungen bezüglich der Anzahl reeller Nullstellen des Polynoms $f(x)$.

10.7 Übungsaufgaben

1. Sei $f(x) = x^2 + ax + b$ mit $a, b \in \mathbb{R}$. Charakterisieren Sie unter Verwendung der Nullstellen von f explizit die Menge

$$P = \{(a, b) \in \mathbb{R}^2 : f(x) \geq 0 \ \forall x \in \mathbb{R}\}.$$

Visualisieren Sie die Menge P in Sage.

2. Gegeben sei die kubische Gleichung $3x^3 - 15x^2 + 17x + 2 = 0$. Treffen Sie ohne explizite Rechnung eine Aussage über die Art der Nullstellen der Gleichung, und bestimmen Sie danach alle Lösungen der Gleichung.

3. Zeigen Sie, dass die kubische Gleichung $x^3 + 6x = 20$ genau eine reelle Nullstelle besitzt. Mit den vorgestellten Lösungsformeln ergibt sich diese als

$$\sqrt[3]{10 + \sqrt{108}} + \sqrt[3]{10 - \sqrt{108}} = \sqrt[3]{10 + \sqrt{108}} - \sqrt[3]{\sqrt{108} - 10}.$$

Um welchen ganzzahligen Wert handelt es sich hierbei? Bestimmen Sie diesen Wert zunächst mit dem Computer, und weisen Sie ihn dann formal unter Zuhilfenahme von $\sqrt{108} \pm 10 = (\sqrt{3} \pm 1)^3$ nach.

Bemerkung: Die Nützlichkeit dieser Identität ist nicht offensichtlich und im Allgemeinen ist es nicht einfach, die Cardano-Ausdrücke ohne Kenntnis der expliziten Lösungen zu vereinfachen.

4. Sei $f(x) = x^5 - 13x^3 - x^2 + 10x + 170$.

    a. Besitzt f reelle Nullstellen?

    b. Schätzen Sie die Lage sämtlicher Nullstellen von f ab und bestimmen sie anschließend mittels Sage alle Nullstellen von f.

    c. Visualisieren Sie mit dem Computer den Graphen der Funktion f, sowie die Lage der Nullstellen in dem zugehörigen Gerschgorin-Kreis.

5. Zeigen Sie für reduzierte Quartiken $f(x) = x^4 + px^2 + qx + r$ mit reellen Koeffizienten:

    a. Sind alle Nullstellen der kubischen Resolvente reell und positiv, dann hat f vier reelle Nullstellen.

    b. Sind alle Nullstellen der kubischen Resolvente reell, davon eine positiv und zwei negativ, dann hat f zwei Paare konjugiert komplexer Nullstellen. (Das Produkt der Nullstellen der kubischen Resolvente ist stets nichtnegativ.)

    c. Hat die kubische Resolvente eine positive Nullstelle sowie ein Paar konjugiert komplexer Nullstellen, dann hat f zwei reelle und zwei komplex-konjugierte Nullstellen.

6. Seien $f = a_0 \prod_i (x - \alpha_i)$ und $g = b_0 \prod_j (x - \beta_j)$ zwei Polynome vom Grad m bzw. n. Zeigen Sie: $\mathrm{res}(f, g) = a_0^m b_0^n \prod_{i,j} (\alpha_i - \beta_j)$.

7. Besitzen die beiden Polynome $f(x) = x^4 + 3x^3 - 11x^2 + 11x - 4$ und $g(x) = -4x^3 + 10x^2 - 7x + 1$ eine gemeinsame Nullstelle?

8. Sei $f(x) = 5x^6 - 4x^5 - 27x^4 + 55x^2 - 6$. Bestimmen Sie (z. B. mit Hilfe des Sage-Codes in diesem Kapitel) die Sturm-Kette von f und die Anzahl der reellen Nullstellen von f im Intervall $[0, 2]$.

9. Sei $p(x) = 1 + ax^y + bx^{2d}$ mit $a, b \in \mathbb{R}$, $b > 0$, $d, y \in \mathbb{N}$ und $y < 2d$. Charakterisieren Sie explizit die Menge

$$K = \{(a, y) \in \mathbb{R}^2 : p(x) \text{ ist konvex}\}$$

und visualisieren Sie die Menge K in Sage.

Hinweis: $p(x)$ ist genau dann konvex, wenn $p''(x) \geq 0$ für alle $x \in \mathbb{R}$.

10. Sei $f(z) = 1 + az + bz^2 \in \mathbb{C}[z]$ mit $a, b \in \mathbb{C}$ ein komplexes Polynom mit den komplexen Nullstellen $z_1 = z_1(f)$ und $z_2 = z_2(f)$. Charakterisieren Sie explizit die Menge

$$N = \{(a, b) \in \mathbb{C}^2 : |z_1(f)| = |z_2(f)|\}.$$

10.8 Anmerkungen

Die Behandlung der kubischen und quartischen Gleichung hat eine lange mathematische Geschichte. Formeln für die Lösungen der kubischen Gleichung wurden von Cardano (1501–1576) veröffentlicht. Cardano war jedoch nicht der eigentliche Entdecker dieser Formeln, diese sind Niccolo Tartaglia (ca. 1500–1557) zuzuschreiben. Die Lösungsformeln für die quartische Gleichung wurden von Cardanos Schüler Lodovico Ferrari (1522–1565) gefunden. Unsere Behandlung der Geometrie dieser Gleichung geht auf die Betrachtungen von Nickalls zurück [Nic93, Nic09].

Für weiterführende Literatur zu Resultanten, Diskriminanten, sowie zu Verallgemeinerungen der Techniken für die Bestimmung der Nullstellen polynomialer Gleichungssysteme in mehreren Variablen verweisen wir auf [CLO07, JT08, Stu02].

Literatur

[CLO07] COX, D. ; LITTLE, J. ; O'SHEA, D.: *Ideals, Varieties, and Algorithms*. 3. Auflage. New York : Springer, 2007

[JT08] JOSWIG, M. ; THEOBALD, T.: *Algorithmische Geometrie: Polyedrische und algebraische Methoden*. Vieweg, Wiesbaden, 2008

[Nic93] NICKALLS, R.W.D.: A new approach to solving the cubic: Cardan's solution revealed. In: *Math. Gazette* 77 (1993), Nr. 480, S. 354–359

[Nic09] NICKALLS, R.W.D.: The quartic equation: Invariants and Euler's solution revealed. In: *Math. Gazette* 93 (2009), Nr. 526, S. 66–75

[Oli11]   OLIVEIRA, O.E.B. de: The Fundamental Theorem of Algebra: An elementary and direct
          proof. In: *Math. Intelligencer* 33 (2011), S. 1–2

[Stu02]   STURMFELS, B.: *CBMS Regional Conference Series in Mathematics*. Bd. 97: *Solving
          Systems of Polynomial Equations*. Providence, RI : American Mathematical Society, 2002

Computerorientierte Fallstudien natürlicher Zahlen

11

Im Rahmen einiger Fallstudien behandeln wir als Ausblick verschiedene Themenkomplexe auf den natürlichen Zahlen. Zunächst diskutieren wir zwei theoretisch interessante Fragen, das Collatz-Problem und das klassische Problem der Darstellbarkeit von Zahlen als Summe zweier Quadrate. Anhand dieser Fallbeispiele soll aufgezeigt werden, wie der Computer sich zum Experimentieren sowie zur algorithmischen Umsetzung struktureller Aussagen eignet. Anschließend untersuchen wir computerorientierte Aspekte der zahlentheoretischen Partitionsfunktion, die auf unseren früheren kombinatorischen Untersuchungen sowie dem Rekursionsprinzip beruhen.

11.1 Das Collatz-Problem (*)

Wir betrachten das folgende berühmte Problem, das in der Literatur als *Collatz-Problem* oder $3n + 1$-Problem bekannt ist. Es wurde 1937 erstmalig von Lothar Collatz (1910–1990) formuliert, und es heißt, dass er das Problem beim Internationalen Mathematikerkongress 1950 in Cambridge (Massachusetts) mündlich stark verbreitete. Erste schriftliche Aufzeichnungen über das Problem gehen auf die 1970er Jahre zurück, und aufgrund seiner einfachen Formulierung verbreitete es sich schließlich immer weiter. Der berühmte Mathematiker Paul Erdös (1913–1996) setzte später \$500 auf die Lösung des Problems aus. Die Bedeutung dieses – wie anderer – berühmter Probleme liegt nicht in dem Problem selbst, sondern dass es aufgrund seiner einfachen Formulierung als Gradmesser für die Mächtigkeit existierender und weiterentwickelter Techniken und Methoden (einschließlich computerorientierter Methoden) gilt.

Sei $f : \mathbb{N} \to \mathbb{N}$ die durch

$$f(n) = \begin{cases} 3n + 1, & \text{falls } n \text{ ungerade}, \\ \frac{n}{2}, & \text{falls } n \text{ gerade} \end{cases} \tag{11.1}$$

© Springer Fachmedien Wiesbaden 2016
T. Theobald, S. Iliman, *Einführung in die computerorientierte Mathematik mit Sage*,
Springer Studium Mathematik – Bachelor, DOI 10.1007/978-3-658-10453-5_11

definierte Funktion, die wir kurz *Collatz-Funktion* nennen. Ferner sei $f^{(k)}(n) = f(f(\cdots(f(n))))$ die k-fache Komposition von f. Die folgende Vermutung ist bis heute offen.

Vermutung 11.1 (Collatz-Vermutung) Für alle $n \in \mathbb{N}$ existiert ein $k \in \mathbb{N}$ mit $f^{(k)}(n) = 1$.

Die nachstehenden `Sage`-Zeilen bestimmen die Collatz-Folge für den Startwert $n = 17$. Daneben sind für die ersten Werte von n die Werte der Collatz-Folge aufgeführt. Der im Programmstück verwendete Befehl `is_even` ist eine explizite Form der Geradzahlig-keitsbedingung `x%2 == 0`.

```
def f(x):
    if is_even(x):
        return(x/2)
    else:
        return(3*x+1)

niter = 0
n = 17
while (n != 1 and niter <= 5000):
    niter = niter + 1
    n = f(n)
    print(niter, n)
```

n	Iterationsfolge
1	$1, 4, 2, 1, \ldots$
2	$1, \ldots$
3	$3, 10, 5, 16, 8, 4, 2, 1, \ldots$
4	$2, 1, \ldots$
5	$16, 8, 4, 2, 1, \ldots,$
6	$3, 10, 5, 16, 8, 4, 2, 1, \ldots$
7	$22, 11, 34, 17, 52, 26, 13, 40,$
	$20, 10, 5, 16, 8, 4, 2, 1, \ldots$
8	$4, 2, 1, \ldots$

Wir diskutieren nachstehend einige Aspekte, die Vermutung 11.1 unterstützen. Insbesondere wird die Vermutung massiv dadurch unterstützt, dass für alle $n \leq 5{,}7646 \cdot 10^{18}$ verifiziert wurde, dass diese Zahlen irgendwann zur 1 zurückkehren [Oli10].

Die Collatz-Vermutung 11.1 ist äquivalent zur Vermutung, dass für alle $n > 1$ ein $k \in \mathbb{N}$ existiert mit $f^{(k)}(n) < n$. Zum Beweis der Äquivalenz nimmt man die Existenz eines kleinsten n an, für die es ein k mit $f^{(k)}(n) < n$ gibt, aber nicht zur 1 zurückführt; dann wäre jedoch $n' := f^{(k)}(n)$ ein kleineres Element mit dieser Eigenschaft, ein Widerspruch.

▶ **Definition 11.2** Sei $n \in \mathbb{N}$. Das kleinste k mit $f^{(k)}(n) = 1$ bezeichnet man als *absolute Stoppzeit* $\sigma(n)$ von n, und das kleinste k mit $f^{(k)}(n) < n$ als *Stoppzeit* $\sigma^*(n)$ von n.

Mit den Stoppzeiten ist es etwas handlicher, einige Aussagen zu formulieren. Ist n etwa gerade, dann ist $\sigma^*(n) = 1$. Hat n bei ganzzahliger Division durch 4 den Rest 1 (Schreibweise: $n \equiv 1 \pmod 4$), dann ist $\sigma^*(n) = 3$; denn die Iterationsfolge beginnt mit $n, 3n + 1, (3n + 1)/2, (3n + 1)/4$. Ebenso gilt insbesondere:

$$\sigma^*(n) = 6 \quad \text{falls } n \equiv 4 \pmod{16},$$
$$\sigma^*(n) = 8 \quad \text{falls } n \equiv 11 \text{ oder } 23 \pmod{32},$$
$$\sigma^*(n) = 11 \quad \text{falls } n \equiv 7, 15 \text{ oder } 59 \pmod{128},$$
$$\sigma^*(n) = 13 \quad \text{falls } n \equiv 39, 79, 95, 123, 175, 199 \text{ oder } 219 \pmod{256}.$$

Unter Verwendung dieser und weiterer expliziter Werte lassen sich auch experimentelle Untersuchungen der Collatz-Funktion stark beschleunigen.

Wir begnügen uns hier damit, einen Ausblick auf einige weitere existierende Ergebnisse zum $3n + 1$-Problem zu geben. Es ist bekannt, dass im folgenden Sinne fast alle $n \in \mathbb{N}$ endliche Stoppzeiten haben. Sei

$$F(k) = \lim_{x \to \infty} \frac{|\{n \leq x \,:\, \sigma^*(n) \leq k\}|}{x}.$$

Terras und Everett zeigten, dass dieser Bruchteil der Zahlen mit Stoppwert höchstens k für alle k existiert, und dass $F(k) \to 0$ für $k \to \infty$. Beispielsweise gilt $F(268) = 0{,}000264\ldots$, das heißt, $99.97\,\%$ aller ganzen Zahlen haben eine Stoppzeit von höchstens 268. Viele Zahlen haben also kleine Stoppzahlen, es gibt jedoch auch Fälle recht großer Stoppzahlen, beispielsweise ist $\sigma^*(2^m - 1) > 2m$ für alle $m \in \mathbb{N}$. Unter alle Zahlen $n \leq 1.065.000$ ist $\sigma(1.027.341) = 347$ die größte auftretende Stoppzeit.

Eine sich natürlich stellende Frage ist die nach dem Verhalten des $5n + 1$-Problems, wobei der $3n + 1$ Schritt durch $5n + 1$ ausgetauscht wird und der $n/2$-Schritt beibehalten wird. Im Fall des $5n + 1$-Problem existieren Zyklen, die insbesondere nicht zur 1 zurückführen, z. B.

$$13, 66, 33, 166, 83, 410, 208, 104, 52, 26\,.$$

Definiert man das $5n + 1$-Problem mittels

$$f(n) := \begin{cases} \frac{n}{2} & \text{falls } n \text{ durch 2 teilbar,} \\ \frac{n}{3} & \text{falls } n \text{ durch 3, aber nicht durch 2 teilbar,} \\ 5n + 1 & \text{sonst,} \end{cases}$$

dann existiert ebenfalls die Vermutung, dass jede Zahl zur 1 zurückkehrt, doch auch diese Vermutung ist noch unbewiesen.

11.2 Darstellbarkeit von Zahlen als Summe zweier Quadrate (*)

Wir untersuchen das folgende klassische Problem: *Welche natürliche Zahl lässt sich als Summe zweier Quadrate natürlicher Zahlen darstellen?*

Beispielsweise gilt $13 = 3^2 + 2^2$, die Zahl 11 lässt sich jedoch nicht als Summe zweier Quadrate darstellen. In der genannten Form wurde die Frage tatsächlich bereits von Fermat beantwortet. Sowohl die strukturellen als auch die algorithmischen Aspekte sind – wie wir sehen werden – sehr reichhaltig. Unser Ziel ist es, einige mögliche computerorientierte Herangehensweisen zu demonstrieren.

Um dem Problem auf die Spur zu kommen, betrachten wir zunächst das folgende `Sage`-Programm, das experimentell für die Zahlen $n \in \{1, \ldots, N_{max}\}$ überprüft, ob n als Summe zweier Quadrate geschrieben werden kann (im Beispiel: $N_{\max} = 100$).

```
repr = [0 for n in range(201)]
for a in range(1,11):
    for b in range(1,11):
        repr[a^2 + b^2] = 1
for i in range(1,101):
    if (repr[i] == 1):
        print(i)
```

Ausgabe:

2 5 8 10 13 17 18 20 25 26 29 32 34
37 40 41 45 50 52 53 58 61 65 68 72
73 74 80 82 85 89 90 97 98 100

Betrachten wir nur die Primzahlen, sehen wir insbesondere, dass die Zahlen 3, 7, 11, 19 nicht *darstellbar* sind, das heißt, nicht als Summe zweier Quadrate geschrieben werden können. Wir lassen `Sage` zunächst die darstellbaren Primzahlen ausgeben.

```
for i in range(1,101):
    if (repr[i] == 1 and is_prime(i)):
        print(i)
```

Darstellbar:

2 5 13 17 29 37 41 53 61 73
89 97

Und nun die nicht darstellbaren Primzahlen:

```
for i in range(1,101):
    if (repr[i] == 0 and is_prime(i)):
        print(i)
```

Nicht darstellbar:

3 7 11 19 23 31 43 47 59 67
71 79 83

Um die Frage der Darstellbarkeit zu beantworten, beweisen wir zunächst:

Theorem 11.3 *Ist n von der Form $4k + 3$ mit $k \in \mathbb{N}$, dann kann n nicht als Summe zweier Quadrate geschrieben werden.*

Beweis Das Quadrat einer geraden Zahl, das heißt einer Zahl der Form $2m$, ist $(2m)^2 = 4m^2$, hat also bei ganzzahliger Division durch 4 den Rest 0. Das Quadrat einer ungeraden Zahl, das heißt einer Zahl der Form $2m + 1$, ist $(2m + 1)^2 = 4m^2 + 4m + 1$, hat also bei Division durch 4 den Rest 1. Die Summe zweier Quadrate hat bei Division durch 4 folglich den Rest 0, 1 oder 2. □

Unser obiges Experiment suggeriert, dass Primzahlen der Form $4k + 1$ mit $k \in \mathbb{N}$ als Summe zweier Quadrate geschrieben werden können. Der nachstehende Beweis dieser Aussage geht auf D. Zagier (1990) zurück [Zag90] und wurde von Aigner und Ziegler in das „Buch der Beweise" [AZ15] aufgenommen.

Theorem 11.4 *Ist p eine Primzahl der Form $4k + 1$ mit $k \in \mathbb{N}$, dann existiert eine Darstellung $p = a^2 + b^2$ mit $a, b \in \mathbb{N}$.*

Beweis Sei p eine Primzahl und M die endliche Menge $M := \{(a,b,c) \in \mathbb{N}^3 : a^2 + 4bc = p\}$. Ziel ist es zu zeigen, dass $M \cap \{(a,b,c) : b = c\} \neq \emptyset$, woraus dann die Behauptung folgt.

Hierzu betrachten wir die selbst-inverse Abbildung („Involution")

$$\varphi : M \to M, \quad (a,b,c) \mapsto (a,c,b).$$

Falls $|M|$ ungerade ist (und das zeigen wir gleich), dann folgt aus der Selbst-Inversion von φ, dass ein Fixpunkt $(a,b,b) \in M$ existiert, das heißt $M \cap \{(a,b,c) : b = c\} \neq \emptyset$.

Es verbleibt zu zeigen, dass $|M|$ ungerade ist. Wir betrachten die disjunkte Zerlegung von M in

$$M_1 = \{(a,b,c) \in M : a < b - c\},$$
$$M_2 = \{(a,b,c) \in M : b < a + c < 2b + c\},$$
$$M_3 = \{(a,b,c) \in M : 2b < a\}.$$

Hierbei folgt die Zerlegungseigenschaft aus der Beobachtung, dass die Gleichheitsfälle für Punkte in M nicht möglich sind: denn aus $a + c = b$ folgt die Eigenschaft $p = (b - c)^2 + 4bc = (b + c)^2$, so dass p nicht prim wäre; auch im Falle $2b = a$ wäre p wegen $p = 4b^2 + 4bc = 4b(b + c)$ nicht prim.

Wir betrachten nun die Abbildung $\psi : M \to M$,

$$(a,b,c) \mapsto \begin{cases} (a + 2c, c, b - a - c) & \text{falls } (a,b,c) \in M_1, \\ (2b - a, b, a - b + c) & \text{falls } (a,b,c) \in M_2, \\ (a - 2b, a - b + c, c) & \text{falls } (a,b,c) \in M_3. \end{cases}$$

Es gilt $\psi(M_1) \subseteq M_3$, $\psi(M_2) \subseteq M_2$ und $\psi(M_3) \subseteq M_1$. Ferner ist $\psi(\psi((a,b,c))) = (a,b,c)$, woraus aus Kardinalitätsgründen insbesondere $|M_1| = |M_3|$ sowie die Bijektivität von ψ folgt. Mittels ψ zeigen wir nun, dass $|M_2|$ ungerade ist. Ist (a,b,c) ein Fixpunkt von ψ, dann gilt nach Konstruktion von ψ, dass $(a,b,c) \in M_2$ sowie weiter

$$2b - a = a, \quad a - b + c = c,$$

also $a = b$. In diesem Fall impliziert $(a,b,c) \in M$ die Eigenschaft $p = a^2 + 4ac = a(a + 4c)$, was wegen der Primalität von p auf die eindeutige Lösung $a = 1$ und $c = (p - 1)/4$ führt. Da alle anderen Elemente von M_2 wegen $\psi \circ \psi = \text{id}$ in natürlichen Paaren $\{(a,b,c), \psi((a,b,c))\}$ auftreten, muss $|M_2|$ ungerade sein. $\qquad\square$

Mit Satz 11.3 and 11.4 sind bereits alle Primzahlen abgehandelt. Auf dieser Grundlage lässt sich die folgende vollständige Charakterisierung angeben.

Theorem 11.5 *Eine natürliche Zahl n besitzt genau dann eine Darstellung als Summe zweier Quadrate, wenn jeder Primfaktor der Form* $4k + 3$ *in der Primfaktorzerlegung von n mit geradem Exponenten auftritt.*

Beweis Siehe Übungsaufgabe 3. □

Die algorithmische Behandlung des Problems ist deutlich weitreichender. Wir beschränken uns hier darauf, ein paar Ein- und Ausblicke zu geben, ohne alle Details zu beweisen.

Für Primzahlen der Formel $4k + 1$ existiert die folgende, auf Gauß zurückgehende explizite Formel (siehe z. B. [Sta78]).

Theorem 11.6 *Ist eine Primzahl p von der Form* $4k + 1$, *dann gilt mit*

$$a := \left\langle \frac{1}{2} \binom{2k}{k} \right\rangle, \quad b := \langle (2k)! \, a \rangle$$

die Darstellung $p = a^2 + b^2$. *Hierbei bezeichnet* $\langle n \rangle$ *den Rest von n modulo p mit* $|\langle n \rangle| < \frac{p}{2}$.

Beispielsweise liefert das nachstehende `Sage`-Fragment für die Primzahl $p = 4 \cdot 262 + 1 = 1049$ die Darstellung $1049 = 5^2 + (-32)^2 = 5^2 + 32^2$. Die `Sage`-Funktion `centerlift()` bestimmt hierbei den betragskleinsten Rest der durch `mod` ausgeführten ganzzahlige Division.

```
k = 262
p = 4*k+1
is_prime(p)
a = mod(1/2*binomial(2*k,k), p).centerlift()
b = mod(factorial(2*k)*a, p).centerlift()
```

Für sehr große Zahlen ist das Verfahren jedoch nicht praktikabel, da etwa die Fakultätsfunktion von $2k$ bestimmt werden muss.

Ein vom Rechenaufwand günstigeres Verfahren geht im Kern bereits auf Serret und Hermite (1848) zurück und beruht auf zwei Teilschritten. Wir konzentrieren uns weiterhin auf den Fall $p = 4k + 1$.

1. Bestimme z mit $z^2 \equiv -1 \pmod{p}$.
2. Wende den euklidischen Algorithmus auf p und z an; sobald erstmalig die beiden Reste kleiner als $\sqrt{p}$ werden, verwende diese als a und b.

Hermite zeigte, dass $p = a^2 + b^2$.

Zur effizienten Umsetzung des ersten Schritts wird in der Regel „geschickt geraten" und mit zahlentheoretischen Methoden gezeigt, dass ein solches Verfahren im Mittel schnell zum Ziel führt. In unserem Beispiel 1049 sind die Zahlen 426 und 623 Lösungen des ersten Schrittes. Wählt man $z = 426$, ergibt sich für den zweiten Schritt die Folge

$$1049,\ 426,\ 197,\ 32,\ 5\,.$$

Wegen $\sqrt{1049} = 32{,}38\ldots$ bricht der zweite Schritt hier ab und liefert die Zerlegung $1049 = 32^2 + 5^2$.

Tatsächlich ist in Sage im Paket **numtheory** auch explizit ein Befehl `two_squares` vorhanden. Als Beispiele geben wir an:

```
two_squares(1049)                    (5, 32)
two_squares(50)                      (1, 7)
```

Die Weiterverarbeitung der berechneten Zahlen kann mit `a,b = two_squares(1049)` erfolgen. Wie man am Beispiel $50 = 1^2 + 7^2 = 5^2 + 5^2$ sieht, liefert Sage im Falle mehrerer Lösungen nur eine zurück. Ist eine Zahl nicht als Summe zweier Quadrate darstellbar, wird eine entsprechende Fehlermeldung zurückgegeben.

Wir bemerken abschließend, dass sich nach einem berühmten Satz von Lagrange jede natürliche Zahl als Summe von vier Quadraten (in $\mathbb{N}_0$) schreiben lässt.

11.3   Die Partitionsfunktion (*)

Für eine natürliche Zahl n ist eine *Partition von n* eine nichtsteigende Folge positiver Zahlen $p_1, \ldots, p_k$, deren Summe n ergibt. Jede Zahl p_i heißt ein *Teil* der Partition. Die *Partitionsfunktion* $p(n)$ bezeichnet die Anzahl der Partitionen der natürlichen Zahl n. Ferner setzen wir $p(0) = 1$.

Beispielsweise gibt es sieben verschiedene Partitionen der Zahl 5, nämlich

$$5 = 4 + 1 = 3 + 2 = 3 + 1 + 1 = 2 + 2 + 1 = 2 + 1 + 1 + 1 = 1 + 1 + 1 + 1 + 1\,,$$

so dass $p(5) = 7$. Die ersten Werte der Partitionsfunktion lauten $p(2) = 2$, $p(3) = 3$, $p(4) = 5$, $p(5) = 7$, $p(6) = 11$, $p(7) = 15$.

In Sage liefert `Partitions(n).cardinality()` die Anzahl der Partitionen und `Partitions(n).list()` die einzelnen Elemente der Liste der Partitionen.

Die Partitionsfunktion tritt in verschiedenen mathematischen Zusammenhängen auf natürliche Weise auf, und ihr Studium geht bereits auf Euler zurück. Ziel dieses Abschnitts ist es, die Herausforderungen zu illustrieren, die mit der Berechnung der so harmlos aussehenden Partitionsfunktion für große Zahlen n verbunden sind, bei denen ein explizites Aufzählen aller Partitionen praktisch unmöglich ist. Gerade auch bei der Entwicklung von Software-Systemen wie Sage sind solche Herausforderungen zu bewältigen. An der Partitionsfunktion lässt sich sehr schön aufzeigen, wie reichhaltige mathematische Methoden

Abb. 11.1 Young-Diagramme für die Partition $(5, 3, 3, 1)$ (**a**) und für die konjugierte Partition $(4, 3, 3, 1, 1)$ (**b**)

a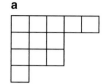

b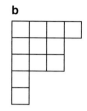

(hier etwa Erzeugendenfunktionen) zu Resultaten führen, die die Berechnung der Partitionsfunktion für große n sehr viel effizienter bzw. erst praktisch möglich macht.

Es existiert keine geschlossene Form für $p(n)$, in der Theorie der Partitionen finden sich jedoch zahlreiche bemerkenswerte und verblüffende Resultate. Beispielsweise zeigte Ramanujan mittels geschickten Transformationen auf Erzeugenfunktionen, dass $p(5n + 4) \equiv 0 \pmod{5}$, $p(7n + 5) \equiv 0 \pmod{7}$, $p(11n + 6) \equiv 0 \pmod{11}$. Für die elementaren, jedoch technischen Beweise dieser Kongruenzen sei etwa auf eine jüngere Arbeit von Hirschhorn [Hir14] verwiesen.

In der historischen Entwicklung bezüglich effektiver Methoden zur Bestimmung der Partitionsfunktion sei zunächst genannt, dass Percy Alexander MacMahon zu Beginn des 20. Jahrhunderts $p(200) = 3.972.999.029.388$ bestimmte. Auch mit heutiger Computertechnologie erscheint diese Zahl von annähernd 4 Billionen Partitionen so groß, dass man ihre explizite Aufzählung doch lieber vermeiden möchte. Mit MacMahons Vorgehen (siehe unten) kann man Zahlen $p(n)$ der obigen Größenordnung zwar mit aktueller Technologie mühelos berechnen, doch mittlerweile ist es mit verbesserten Methoden sogar möglich, die Partitionsfunktion für 10-stellige Eingabezahlen zu bestimmen.

Partitionen können mittels *Young-Diagrammen* sehr anschaulich visualisiert werden. Das Young-Diagramm einer Partition $(p_1, \ldots, p_k)$ der Zahl n besteht aus k Zeilen linksbündig angeordneter Zellen, wobei in der i-ten Zeile genau p_i Zellen vorkommen. Insgesamt existieren also genau n Zellen. Siehe Abb. 11.1.

Als *konjugierte Partition* einer gegebenen Partition $(p_1, \ldots, p_k)$ von n bezeichnet man diejenige Partition von n, die sich durch spaltenweise Betrachtung des Young-Diagramms von $(p_1, \ldots, p_k)$ ergibt. Die konjugierte Partition der Partition $(5, 3, 3, 1)$ aus Beispiel 11.1 lautet daher $(4, 3, 3, 1, 1)$.

Lemma 11.7 *Die Anzahl der Partitionen einer natürlichen Zahl n mit größtem Teil k stimmt überein mit der Anzahl der Partitionen von n in k Teile.*

Beweis Durch Übergang zur konjugierten Partition ergibt sich eine bijektive Abbildung zwischen den Partitionen mit größtem Teil k und der Anzahl der Partitionen in k Teile.

$\square$

Wir betrachten nun die auf Euler zurückgehende Erzeugendenfunktion $P(z) = \sum_{n \geq 0} p(n) z^n$.

Theorem 11.8 (Euler) *Für die Erzeugendenfunktion $P(z)$ der Partitionsfunktion gilt die Produktdarstellung*

$$P(z) = \sum_{n \geq 0} p(n)z^n = \prod_{k=1}^{\infty} \frac{1}{1 - z^k} \,.$$

Beweis Durch Entwicklung der Faktoren der rechten Seite als geometrische Reihen $\frac{1}{1-z^k} = \sum_{i \geq 1} z^{ik}$ ergibt sich

$$\prod_{k=1}^{\infty} (1 + z^k + z^{2k} + z^{3k} + \cdots) \,.$$

Das Ausmultiplizieren dieses Produkts liefert eine Potenzreihe in z, deren Koeffizient vor z^n genau die Anzahl der Möglichkeiten für natürliche $k_1, k_2, k_3, \ldots$ zählt, so dass $n = k_1 + 2k_2 + 3k_3 + \cdots$. Diese Anzahl der Möglichkeiten ist genau die Anzahl der Partitionen $p(n)$ der Zahl n. □

Seien nun $p_g(n)$ und $p_u(n)$ die Anzahl der Partition von n in eine gerade bzw. ungerade Anzahl von Summanden. Bereits 1830 wurde von Legendre beobachtet, dass die Differenz $p_g(n) - p_u(n)$ mit dem Koeffizienten vor q^n in der Potenzreihe $\prod_{k \geq 1}(1 - q^k)$ übereinstimmt. Denn beim Ausmultiplizieren wird ersichtlich, dass jede Partition einer Zahl n mit gerader Summandenanzahl den Beitrag $+1$ zum Koeffizienten von q^n beiträgt und jede Partition mit ungerader Summandenanzahl den Beitrag -1:

$$\begin{aligned}
\prod_{n \geq 1} (1 - q^n) &= (1-q)(1-q^2)(1-q^3)(1-q^4)\cdots \\
&= 1 - q - q^2 - q^3 - q^4 + q^{1+2} + q^{1+3} + q^{1+4} + q^{2+3} \\
&\quad + q^{2+4} + q^{3+4} - q^{1+2+3} - q^{1+2+4} - q^{1+3+4} - q^{2+3+4} \\
&\quad + q^{1+2+3+4} + \cdots .
\end{aligned}$$

Die nachfolgende berühmte Identität für die Differenz zwischen $p_g(n)$ und $p_u(n)$ geht auf Euler zurück. Sie impliziert, dass $p_g(n)$ und $p_u(n)$ verschieden sind, falls n nicht von der Form $\frac{j(3j+1)}{2}$ oder $\frac{j(3j-1)}{2}$ ist.

Theorem 11.9 (Eulerscher Pentagonalsatz) *Für $n \in \mathbb{N}$ gilt*

$$p_g(n) - p_u(n) = \begin{cases} (-1)^j & \text{falls } n = \frac{j(3j \pm 1)}{2}, \\ 0 & \text{sonst} . \end{cases}$$

Der Grund für die etwas ungewöhnliche Bezeichnung des Satzes wird in Aufgabe 5 angegeben.

Beweis Wir definieren zunächst die Funktion f in zwei Variablen

$$f(z,q) = 1 - \sum_{n \geq 1} \prod_{i=1}^{n-1} z^{n+1} q^n \tag{11.2}$$

und bemerken, dass diese Reihe für $|q| < 1$ und $|z| < \frac{1}{|q|}$ absolut konvergiert.

An der Stelle $z = 1$ gilt $f(1,q) = \prod_{n \geq 1}(1 - q^n)$. Um dies einzusehen, überprüft man per vollständiger Induktion die Identität für endliche Summen

$$1 - \sum_{n=1}^{N} \prod_{i=1}^{n-1} (1 - q^i) q^n = \prod_{i=1}^{N} (1 - q^n), \tag{11.3}$$

so dass (11.2) für $N \to \infty$ aus (11.3) hervorgeht.

Der Hauptschritt des Beweises besteht nun darin, die Funktionalgleichung

$$F(z,q) := 1 - z^2 q - f(z,q) = z^3 q^2 f(zq,q) \tag{11.4}$$

durch eine Folge geschickter Umformungen zu verifizieren. Es gilt

$$F(z,q) = \sum_{n \geq 2} \prod_{i=1}^{n-1} (1 - zq^i) z^{n+1} q^n = \sum_{n \geq 1} \prod_{i=1}^{n} (1 - zq^i) z^{n+2} q^{n+1}.$$

Herausziehen des Faktors $1-zq$ aus dieser Summe mit anschließendem Ausmultiplizieren sowie eine weitere Indexverschiebung liefern

$$F(z,q) = \sum_{n \geq 1} \prod_{i=2}^{n} (1 - z^i) z^{n+2} q^{n+1} - \sum_{n \geq 1} \prod_{i=2}^{n} (1 - z^i) z^{n+3} q^{n+2}$$

$$= z^3 q^2 + \sum_{n \geq 1} \prod_{i=2}^{n+1} (1 - zq^i) z^{n+3} q^{n+2} - \sum_{n \geq 1} \prod_{i=2}^{n} (1 - zq^i) z^{n+3} q^{n+2}$$

$$= z^3 q^2 + \sum_{n \geq 1} \prod_{i=2}^{n} (1 - zq^i) z^{n+3} q^{n+2} \left((1 - zq^{n+1}) - 1 \right)$$

$$= z^3 q^2 f(zq,q).$$

Durch iterierte Anwendung der Funktionalgleichung (11.4) ergibt sich induktiv

$$f(z,q) = 1 - z^2 q - z^3 q^2 (1 - z^2 q^3 - z^3 q^5 f(zq^2,q))$$

$$= 1 + \sum_{n=1}^{N-1} (-1)^n (z^{3n-1} q^{n(3n-1)/2} + z^{3n} q^{n(3n+1)/2})$$

$$+ (-1)^N z^{3N-1} q^{N(3N-1)/2} + (-1)^N z^{3N} q^{N(3N+1)/2} f(zq^N, q).$$

Für $N \to \infty$ erhalten wir

$$f(z,q) = 1 + \sum_{n \geq 1} (-1)^n \left(z^{3n-1} q^{n(3n-1)/2} + z^{3n} q^{n(3n+1)/2} \right),$$

woraus mit den Vorüberlegungen zu Beweisbeginn folgt

$$\prod_{n\geq1}(1-q^n) = f(1,q) = 1 + \sum_{n\geq1}(-1)^n\left(q^{n(3n-1)/2} + q^{n(3n+1)/2}\right). \qquad (11.5)$$

$\square$

Nach dem Eulerschen Pentagonalsatz gilt also

$$\prod_{k\geq1}(1-z^k) = \sum_{k=-\infty}^{\infty}(-1)^k z^{(3k^2+k)/2} = 1 - z - z^2 + z^5 + z^7 - z^{12} - \cdots$$

Nach Satz 11.8 ist dies der Kehrwert der Erzeugendenfunktion $P(z)$, so dass sich die folgende Rekursionsformel für die Partitionsfunktion ergibt:

$$p(n) + \sum_{k\geq1}\left((-1)^k\left(p(n-k(3k-1)/2) + p(n-k(3k+1)/2\right)\right) = 0,$$

das heißt,

$$p(n) = p(n-1) + p(n-2) - p(n-5) - p(n-7) + p(n-12) + \cdots$$

Hierbei sei definitionsgemäß $p(n) = 0$ für negative Werte n.

Diese Rekursionsformel ermöglichte MacMahon bereits zu Beginn des 20. Jahrhunderts die zu Beginn des Abschnitts erwähnte Berechnung von $p(200)$. Wir bestimmen mittels der Rekursionsformel die Werte $p(n)$ für $n \leq 200$ in Sage und geben damit einen ersten Einblick in die hinter den Implementierungen der Partitionsfunktion in Sage und stehenden Techniken. Um Mehrfachberechnungen von Zwischenresultaten zu vermeiden, legen wir bereits berechnete Werte in einem Array P ab.

```
maxn = 200
P = [0 for j in range(maxn+1)]
P[0] = 1;
for n in range(1, maxn+1):
    s = 0
    k = 1
    while (n-k*(3*k-1)/2 >= 0):
        s = s - (-1)^k * P[n-k*(3*k-1)/2]
        if (n-k*(3*k+1)/2 >= 0):
            s = s - (-1)^k * P[n-k*(3*k+1)/2]
        k = k + 1
    P[n] = s
    print n, ':', P[n]
```

```
  1 : 1
  2 : 2
  3 : 3
  4 : 5
  5 : 7
    ⋮
196 : 2814570987591
197 : 3068829878530
198 : 3345365983698
199 : 3646072432125
200 : 3972999029388
```

Wir schließen den Abschnitt mit einem Ausblick auf weitergehende Entwicklungen. Ein Meilenstein in der Theorie der Partitionen ist die nachfolgende nichtrekursive Formel von Hardy und Ramanujan (1916), verfeinert durch Rademacher (1937), die die Partitionsfunktion mittels einer konvergenten unendlichen Summe beschreibt.

Theorem 11.10 *Für die Partititionsfunktion p gilt*

$$p(n) = \frac{1}{\pi\sqrt{2}} \sum_{k \geq 1} A_k(n) \sqrt{k} \left(\frac{d}{dn} \frac{\sinh\left(\frac{\pi}{k}\sqrt{\frac{2}{3}\left(n - \frac{1}{24}\right)}\right)}{\sqrt{n - \frac{1}{24}}} \right), \tag{11.6}$$

wobei $A_k(n) = \sum_{\substack{0 \leq h < k \\ \mathrm{ggT}(h,k)=1}} e^{i\pi\left(s(h,k) - \frac{2hn}{k}\right)}$ *und* $s(h,k)$ *die Dedekind-Summe* $s(h,k) =$ $\sum_{m=1}^{k-1} \left(\frac{m}{k} - \frac{1}{2}\right)\left(\frac{hm}{k} - \left\lfloor\frac{hm}{k}\right\rfloor - \frac{1}{2}\right)$ *ist.*

Die in der Formel auftretende Ableitung $\frac{d}{dn}$ lässt sich darüber hinaus auch explizit angeben.

Für ein gegebenes n sind zur Berechnung von $p(n)$ mittels Satz 11.10 tatsächlich nur endlich viele Summenglieder erforderlich. Man kann nämlich zeigen, dass bei Summation der ersten $c\sqrt{n}$ Terme (für ein geeignetes c) in der Entwicklung die nächste ganze Zahl der Summe den exakten Wert von $p(n)$ liefert. Mit dieser Technik lassen sich die zu Beginn des Abschnitts angesprochenen Werte der Partitionsfunktion für extrem große Eingabewerte bestimmen.

In Sage lassen sich die genannten Funktion s und A wie folgt umsetzen:

```
def s(h,k):
    var('m')
    return(sum((m/k - 1/2)* (h*m/k - floor(h*m/k) - 1/2),m,1,k-1))
def A(k,n):
    z = 0
    for h in range(0,k):
        if (gcd(h,k) == 1):
            z += exp(pi*i*(s(h,k)-2*h*n/k))
    return(z)
```

Damit lassen sich die einzelnen Summenglieder von (11.6) realisieren:

```
n = 50       # vorgegebenes n
nsteps = 6  # Anzahl der Summanden
p = 0
for k in range(1, nsteps + 1):
    deriv = diff(sinh(pi/k*sqrt(2/3*(x-1/24)))/sqrt(x-1/24),x)
    su = (1/(pi*sqrt(2))*A(k,n)*sqrt(k)*deriv).subs(x=n)
    print(k,"-ter Summand: %.3f" %real(su))
    p += su
    print(k,"-te Partialsumme: %.3f" %real(p))
```

Beispiel 11.11 Für $n = 50$ gilt $p(n) = 204.226$. Die nachfolgende Tabelle mit den gerundeten ersten sechs Folgengliedern sowie Partialsummen zeigt, dass die Reihe aus Satz 11.10 sehr schnell konvergiert. Minimale (durch Rundungen entstandene) Imaginärteile sind hierbei unterdrückt:

k	k-ter Summand	k-te Partialsumme
1	204.211,076	204.211,076
2	15,721	204.226,797
3	−0,754	204.226,043
4	−0,194	204.225,849
5	0,127	204.225,977
6	0,011	204.225,988

Es sei darauf hingewiesen, dass bei der Approximation sehr großer Werte der Partitionsfunktion mit dem beschriebenen `Sage`-Programm die Rechengenauigkeit der Gleitkommazahlen von `Sage` erhöht werden muß.

Durch Betrachtung des ersten Terms der Summe in Satz 11.10 kann man darüber hinaus das Wachstum der Partitionsfunktion erschließen. Tatsächlich gilt die Asymptotik

$$p(n) \sim \frac{e^{\pi\sqrt{2n/3}}}{4n\sqrt{3}}.$$

11.4 Übungsaufgaben

1. Zeigen Sie, dass für die abschnittsweise definierte Collatz-Funktion (11.1) gilt

$$f(n) = \frac{1}{2}n - \frac{1}{4}(5n + 2)((-1)^n - 1).$$

2. Für die Stoppzeiten σ^* der Collatzfunktion zeige man $\sigma^*(2^m - 1) > 2m$ für alle $m \in \mathbb{N}$.
3. Beweisen Sie Richtung „$\Longleftarrow$" von Theorem 11.5.
   Hinweis: Das Produkt zweier Summen zweier Quadrate ist wegen

$$(a^2 + b^2)(c^2 + d^2) = (ac + bd)^2 + (ad - bc)^2$$

wieder eine Summe zweier Quadrate.

Abb. 11.2 Die ersten vier Pen-
tagonalzahlen: 1, 5, 12, 22

4. Sei $p_k(n)$ die Anzahl der Partitionen von n mit k Teilen. Zeigen Sie die Rekursionsbeziehung

   $$p_k(n) = p_{k-1}(n-1) + p_k(n-k), \quad n > k > 1,$$

   und bestimmen Sie mittels Sage aus der Rekursion die Werte $p_k(n)$ für $n, k \leq 20$.
5. Die n-te Pentagonalzahl a_n ($n \geq 1$) ist definiert als die Anzahl der Punkte in der
   aus Abb. 11.2 hervorgehenden Folge fünfeckiger Punktanordnungen. Zeigen Sie, dass
   $a_n = \frac{1}{2}n(3n-1)$, und rechtfertigen Sie aufgrund der Übereinstimmung von (11.5) mit
   $\sum_{n=-\infty}^{\infty}(-1)^n q^{n(3n+1)/2}$ nun den Namen von Satz 11.9.

11.5   Anmerkungen

Für weitere Informationen zum $3n + 1$-Problem siehe etwa das Buch von Klee und Wagon
[KW97]. Eine ausführliche und weitestgehend elementare Darstellung zur Lösung des
Zwei-Quadrate-Problem mit dem euklidischen Algorithmus findet sich in [Wag90]. Für
weitere einführende, computerorientierte Fallstudien verweisen wir auf die Bücher von
Borwein und Devlin [BD11], Borwein und Skerritt [BS11], Gander und Hrebicek [GH08]
sowie Sonar [Son01].

Eine Referenz für weiterführende Informationen zu Partitionen ist das Buch von
Andrews und Eriksson [AE04]. Die hier wiedergegebene Beweisvariante für den Euler-
schen Polygonalsatz folgt Andrews' Darstellung des ursprünglichen Beweises von Euler
[And83]. Für eine auf Franklin zurückgehende Beweisvariante mittels Bijektionen siehe
[AZ15].

Hinsichtlich eines aktuellen Weltrekords bei der Bestimmung der Partitionsfunktion
sei erwähnt, dass Richard Crandall die Werte der Partitionsfunktion $p(1.000.046.356)$
und $p(1.000.007.396)$ bestimmte, die jeweils ca. 35.000 Dezimalstellen besitzen [BB11].

In der jüngsten Vergangenheit gelang es Bruinier und Ono, eine Darstellung der Partitionsfunktion als endliche Summe gewisser algebraischer (d. h., als Nullstellen von Polynomen darstellbarer) Zahlen zu entwickeln [BO13].

Literatur

[AE04] ANDREWS, G.E. ; ERIKSSON, K.: *Integer Partitions*. Cambridge : Cambridge University Press, 2004

[And83] ANDREWS, G.E.: Euler's pentagonal number theorem. In: *Math. Mag.* 56 (1983), Nr. 5, S. 279–284

[AZ15] AIGNER, M. ; ZIEGLER, G.M.: *Das BUCH der Beweise*. 4. Auflage. Springer-Verlag, Berlin Heidelberg, 2015

[BB11] BAILEY, D.H. ; BORWEIN, J.M.: Exploratory experimentation and computation. In: *Notices Amer. Math. Soc.* 58 (2011), Nr. 10, S. 1410–1419

[BD11] BORWEIN, J. ; DEVLIN, K.: *Experimentelle Mathematik*. Spektrum Akademischer Verlag, Heidelberg, 2011

[BO13] BRUINIER, J.H. ; ONO, K.: Algebraic formulas for the coefficients of half-integral weight harmonic weak Maass forms. In: *Adv. Math.* 246 (2013), S. 198–219

[BS11] BORWEIN, J.M. ; SKERRITT, M.P.: *An Introduction to Modern Mathematical Computing. With Maple*. Springer, New York, 2011

[GH08] GANDER, W. ; HREBÍCZEK, J: *Solving Problems in Scientific Computing Using Maple and Matlab*. Springer, New York, 4. Auflage, 2008

[Hir14] HIRSCHHORN, M.D.: A short and simple proof of Ramanujan's mod 11 congruence. In: *J. Number Theory* 139 (2014), S. 205–209

[KW97] KLEE, V. ; WAGON, S.: *Alte und neue ungelöste Probleme in der Zahlentheorie und Geometrie der Ebene*. Birkhäuser, Basel, 1997

[Oli10] OLIVEIRA E SILVA, T.: Empirical verification of the $3x + 1$ and related conjectures. In: LAGARIAS, Jeffrey C. (Hrsg.): *The Ultimate Challenge: The $3x + 1$ Problem*. Providence, Rhode Island, USA : American Mathematical Society, 2010, S. 189–207

[Son01] SONAR, T.: *Angewandte Mathematik, Modellbildung und Informatik*. Vieweg, Wiesbaden, 2001

[Sta78] STARK, H.M.: *An Introduction to Number Theory*. Cambridge (MA) : MIT Press, 1978

[Wag90] WAGON, S.: Editor's corner: the Euclidean algorithm strikes again. In: *Amer. Math. Monthly* 97 (1990), Nr. 2, S. 125–129

[Zag90] ZAGIER, D.: A one-sentence proof that every prime $p \equiv 1 \pmod 4$ is a sum of two squares. In: *Amer. Math. Monthly* 77 (1990), S. 144

Wir stellen einige Grundaussagen der Analysis zusammen, siehe beispielsweise die Lehrbücher von Forster [For13], Königsberger [Kön04] oder Grieser [Gri15].

Eine (reelle oder komplexe) Folge (a_n) konvergiert gegen einen Punkt a, wenn es zu
jedem $\varepsilon > 0$ einen Index n_0 gibt, so dass für alle $n \geq n_0$ gilt $|a_n - a| < \varepsilon$.

Seien (a_n) und (b_n) konvergente Folgen. Dann gelten die Rechenregeln

$$\lim_{n\to\infty} (a_n + b_n) = \lim_{n\to\infty} a_n + \lim_{n\to\infty} b_n, \quad \lim_{n\to\infty} (a_n \cdot b_n) = \lim_{n\to\infty} a_n \cdot \lim_{n\to\infty} b_n$$

sowie folgendes Kriterium für reelle Folgen:

Theorem 12.1 *Jede monoton wachsende, nach oben beschränkte Folge konvergiert. Und
ebenso konvergiert jede monoton fallende, nach unten beschränkte Folge.*

Eine Folge (a_n) heißt *Cauchy-Folge*, wenn es zu jedem $\varepsilon > 0$ einen Index N gibt, so
dass $|x_m - x_n| < \varepsilon$ für alle $m, n \geq N$.

Theorem 12.2 *Eine reelle oder komplexe Folge (a_n) konvergiert genau dann, wenn sie
eine Cauchy-Folge ist.*

Zwei Folgen (a_n) und (b_n) von Null verschiedener Zahlen heißen *asymptotisch gleich*,
als Schreibweise $a_n \sim b_n$, wenn $\lim_{n\to\infty} \frac{a_n}{b_n} = 1$.

Eine Reihe $\sum_{n=0}^{\infty} a_n$ heißt *absolut konvergent*, wenn die Reihe $\sum_{n=0}^{\infty} |a_n|$ konvergiert.
Eine Reihe der Form $\sum_{n=0}^{\infty} a_n z^n$ mit reellen oder komplexen Koeffizienten a_i und einer
Unbestimmten z heißt *Potenzreihe*.

© Springer Fachmedien Wiesbaden 2016
T. Theobald, S. Iliman, *Einführung in die computerorientierte Mathematik mit Sage*,
Springer Studium Mathematik – Bachelor, DOI 10.1007/978-3-658-10453-5_12

Theorem 12.3 (Mittelwertsatz) *Ist* $f : [a, b] \to \mathbb{R}$ *eine stetige und auf dem offenen Intervall* (a, b) *differenzierbare Funktion, dann gibt es ein* $\xi \in (a, b)$ *mit*

$$\frac{f(b) - f(a)}{b - a} = f'(\xi) .$$

Ist $f : \mathbb{R} \to \mathbb{R}$ eine n-mal differenzierbare Funktion und $a \in \mathbb{R}$, dann heißt

$$T_n f(x, a) = \sum_{k=0}^{n} \frac{f^{(a)}}{k!} (x - a)^k$$

n-*tes Taylorpolynom* von f im Punkt a. Für die Abweichung $R_{n+1}(x) = f(x) - T_n f(x, a)$ existiert die folgende *Lagrange-Form des Restglieds*:

Theorem 12.4 *Ist* $f : \mathbb{R} \to \mathbb{R}$ *eine* $(n + 1)$-*mal stetig differenzierbare Funktion und* $a \in \mathbb{R}$, *dann gibt es ein* $\xi \in (a, x)$ *mit*

$$R_{n+1}(x) = \frac{f^{(n+1)}(\xi)}{(n + 1)!} (x - a)^{n+1} .$$

Für die Exponential-, Sinus- und Cosinusfunktion gibt es die folgenden Reihenentwicklungen für $x \in \mathbb{R}$:

$$e^x = \sum_{k=0}^{\infty} \frac{x^k}{k!} , \quad \sin x = \sum_{k=0}^{\infty} (-1)^k \frac{x^{2k+1}}{(2k + 1)!} , \quad \cos x = \sum_{k=0}^{\infty} (-1)^k \frac{x^{2k}}{(2k)!} .$$

Rationale Funktionen lassen sich mittels einer Partialbruchzerlegung als Summen darstellen. Für den in Abschnitt 6.3 relevanten Zusammenhang benötigen wir nur den folgenden Spezialfall.

Theorem 12.5 *Sei* $g(x) = \prod_{i=1}^{n} (x - \alpha_i)$ *mit paarweise verschiedenen* α_i, *und sei* f *ein Polynom kleineren Grades als* g *und keiner gemeinsamen Nullstelle mit* g. *Dann existiert eine Zerlegung der Form*

$$\frac{f(x)}{g(x)} = \sum_{i=1}^{n} \frac{\beta_i}{x - \alpha_i}$$

mit Koeffizienten β_i.

Literatur

[For13] FORSTER, O.: *Analysis 1*. 11. Auflage. Springer Spektrum, Wiesbaden, 2013

[Gri15] GRIESER, D.: *Analysis I*. Springer Spektrum, Wiesbaden, 2015

[Kön04] KÖNIGSBERGER, K.: *Analysis 1*. 6. Auflage. Springer-Verlag, Berlin, 2004

Anhang B: Lineare Algebra

13

Wir stellen einige Grundbegriffe der linearen Algebra zusammen, siehe etwa die Lehrbücher von Fischer [Fis14] oder Liesen und Mehrmann [LM15].

Sei K ein Körper. Eine Menge V zusammen mit zwei Operationen $+ : V \times V \to V$ und $\cdot : K \times V \to V$ heißt *Vektorraum*, falls $(V, +)$ eine abelsche Gruppe ist, die Abbildung $\cdot$ die Eigenschaften

$$\lambda(\mu v) = (\lambda \mu)v, \quad 1v = v \qquad (\lambda, \mu \in K, \ v \in V)$$

hat und die Distributivgesetze

$$\lambda(v + w) = \lambda v + \lambda w, \quad (\lambda + \mu)v = \lambda v + \mu v \qquad (\lambda, \mu \in K, \ v, w \in V)$$

gelten.

Sei V ein Vektorraum über $\mathbb{R}$. Eine Abbildung $\langle \cdot, \cdot \rangle : V \times V \to \mathbb{R}$ heißt *Skalarprodukt*, wenn sie linear in beiden Argumenten, symmetrisch (d. h., $\langle v, w \rangle = \langle w, v \rangle$) und positiv definit ist (d. h., $v \geq 0$ für alle $v \in V$ und $\langle v, v \rangle = 0$ genau dann wenn $v = 0$).

Auf dem Vektorraum $\mathbb{R}^n$ ist das kanonische *Skalarprodukt* zweier Vektoren durch

$$\mathbb{R}^n \times \mathbb{R}^n \to \mathbb{R}, \quad (x, y) \mapsto x^T y$$

definiert. Die Vektoren x und y heißen *orthogonal*, wenn ihr Skalarprodukt verschwindet, $x^T y = 0$. Eine reelle, quadratische Matrix A heißt *orthogonal*, wenn $A^T A = I$.

Die Menge $\mathbb{Z}$ der ganzen Zahlen bildet keinen Körper, da nicht alle Elemente ein Inverses besitzen. Die Addition und Multiplikation in $\mathbb{Z}$ genügt jedoch den folgenden fünf Gesetzen:

© Springer Fachmedien Wiesbaden 2016
T. Theobald, S. Iliman, *Einführung in die computerorientierte Mathematik mit Sage*,
Springer Studium Mathematik – Bachelor, DOI 10.1007/978-3-658-10453-5_13

1. Addition und Multiplikation sind *assoziativ*: $(a+b)+c = a+(b+c)$ und $(a \cdot b) \cdot c = a \cdot (b \cdot c)$.
2. Addition und Multiplikation sind *kommutativ*: $a + b = b + a$ und $a \cdot b = b \cdot a$.
3. Es existiert ein *neutrales Element* bezüglich der Addition (Nullelement, 0) und ein *neutrales Element* bezüglich der Multiplikation (Einselement, 1): $0+a = a$ und $1 \cdot a = a$. Es ist $0 \neq 1$.
4. Jedes Element a besitzt ein additives Inverses $(-a)$.
5. Es gilt das Distributivgesetz $a \cdot (b + c) = a \cdot b + a \cdot c$.

Allgemein definiert eine Menge R zusammen mit zwei Operationen $+$ und $\cdot$ einen *kommutativen Ring mit Einselement*, wenn die Regeln 1 bis 5 erfüllt sind.

Literatur

[Fis14] FISCHER, G.: *Lineare Algebra*. 18. Auflage. Springer Spektrum, Wiesbaden, 2014

[LM15] LIESEN, J. ; MEHRMANN, V.: *Lineare Algebra*. Springer Spektrum, Wiesbaden, 2. Auflage, 2015

Anhang C: Notation

14

In der nachstehenden Tabelle führen wir einige für die Darstellung wichtige Symbole auf. Angegebene Seitenzahlen verweisen auf das jeweilige erste Auftreten.

$\mathbb{N} = \{1, 2, \dots\}$	natürliche Zahlen ausschließlich 0	
$\mathbb{N}_0 = \{0, 1, 2, \dots\}$	natürliche Zahlen einschließlich 0	
$\mathbb{Z}$	ganze Zahlen	
$\mathbb{Q}$	rationale Zahlen	
$\mathbb{R}$	reelle Zahlen	
$\mathbb{R}_+$	nichtnegative reelle Zahlen	
$\mathbb{C}$	komplexe Zahlen	
$\neg, \wedge, \vee$	Negation, Konjunktion, Disjunktion	6
$\Longrightarrow, \Longleftrightarrow$	Implikation, Äquivalenz	6
$\forall, \exists$	Allquantor, Existenzquantor	6
$|M|$	Anzahl der Elemente der Menge M	10
$\mathcal{P}(M)$	Potenzmenge	11
$a \overset{R}{\sim} b, a \sim b,$	äquivalent	13
$\lfloor \ \rfloor$	Abrundungsfunktion, Gaußklammer	20
$\lceil \ \rceil$	Aufrundungsfunktion, obere Gaußklammer	20
mod	Modulo-Operator, ganzzahlige Division mit Rest	27
K_n	vollständiger Graph auf n Knoten	38
$K_{m,n}$	vollständiger bipartiter Graph auf $m + n$ Knoten	45
$\chi(G)$	chromatische Zahl eines Graphen	49
$O(f), \Omega(f), \Theta(f)$	Funktionsklassen der asymptotischen Analyse	65
ggT	größter gemeinsamer Teiler	90
$\mathfrak{R}, \mathfrak{I}$	Realteil, Imaginärteil einer komplexen Zahl	105
$|z|$	Betrag	106
$\bar{z}$	konjugiert komplexe Zahl	106
$\arg(z)$	Argument	106

© Springer Fachmedien Wiesbaden 2016
T. Theobald, S. Iliman, *Einführung in die computerorientierte Mathematik mit Sage*,
Springer Studium Mathematik – Bachelor, DOI 10.1007/978-3-658-10453-5_14

Verzeichnis der verwendeten Sage-Befehle

© Springer Fachmedien Wiesbaden 2016
T. Theobald, S. Iliman, *Einführung in die computerorientierte Mathematik mit Sage*,
Springer Studium Mathematik – Bachelor, DOI 10.1007/978-3-658-10453-5

Sachverzeichnis

Printed in the United States
By Bookmasters